RePUBLIC
公共空间更新与再生

[日] 马场正尊　著
张美琴　赖文波　译

上海科学技术出版社

编者的话

理论、实践和创意

本书由理论、实践和创意三部分组成。

理论

理论部分，阐述了本书的问题意识。

基于当下社会背景，本书探讨了公共空间该有的样子以及针对“公共”这一概念的思考。

另外，本书还收录了制作人清水义次和艺术策展人森司的两篇采访。在我看来，他们是公共空间的改造实践者，同时也是行动背景的理论阐述专家，他们的访谈可以给人很多启示。

实践

实践有两种类型：

一类是纵览各种案例后，对公共空间进行的改造。虽然照片展示了成功改造后的景象，但是在呈现这样的效果之前是进行了多次试错，并为达成共识而付出了巨大努力的。我们也关注图纸和照片背后那些无法呈现出来的故事，在这些故事里能找到关于新公共空间的启示。

另一类是 Open A 亲自参与改造的案例。通过这些项目的实践，我强烈地感觉到必须为公共空间做些什么。在项目实践过程中，我们可以发现前进方向上的困难、需要的突破以及存积的问题等。问题意识就来自这些实践。为了便于阅读，书中在这类案例上会增加“Open A works”的注释。

媒体在介绍这些作品时，不管怎样表达，故事的成功部分都自带光芒，而痛苦、失败、困境等负面的东西难以被人看到。但是，我意外地发现，如果站在现场推进项目的立场上，你想了解的却正是这些阴影下极其朴素的部分。我在实践中重视了这个视角。

创意

我不会提出使人眼前一亮的创意，而是试着描绘无论从哪方面来说都能立即实现，却还没实现的空间创意。这些创意虽然存在着必须理清的制度问题，但是只要花一些工夫就有可能实现。相反，这些情况无法实现恰恰反映了公共空间的现状。我把这些情况通过手绘的形式表现出来，并在空白处写下注意事项和要点。

本书的内容设计可以让读者从任何地方开始阅读。我希望能像看电视更换频道那样，读者可以选出对自己有用的章节来参考。我打算罗列尽可能多的创意和构思，因此如果想要更深层的信息，用关键词语进行检索就可以得到。

是的，我希望这本小书能够成为你想要开始某件事情的契机。

目 录

1 公园

2 政府机关

3 滨水空间

4 学校

5 航站楼

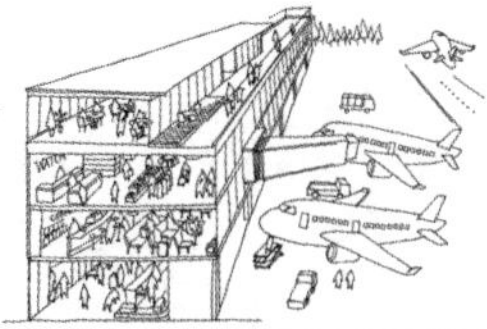

6 图书馆

7 住宅小区

重新审视“公共”的意义

现在，公共空间的“公共”功能真的在发挥作用吗？
公共空间究竟是什么？
公共空间在哪里？
我想通过这本书，重新审视这些问题。

周围的环境对在那里工作、居住和生活的人们有很大的影响，这些影响有时候是正面的，有时候是负面的。

我们身边的公共空间有真正体现“公共”这一概念吗？是能让每个人都心情愉悦、面对它能敞开自我的环境吗？

通过改变空间，与之联动的管理和规则是否也会发生改变呢？空间和环境的变化，一定能促使人们意识的变化。

日本的公共空间是开放的吗?

日本的公共空间有遵照其本意，是公共的、大家共同拥有的吗？公共空间，我们称之为“public space”，而英语的“public”和日语中写作片假名的“公共”，两者的意义有很大的区别。

有件小事让我对公共空间的存在方式感到困惑。我带孩子去家附近的小公园玩的时候，公园里的长椅被流浪者占据，没法靠近。为了防止宠物拉屎拉尿，沙坑边拉起了网，不能玩耍。这里虽然是公共的公园，但总体上并不能说是一个开放的空间，有的地方还竖着“禁止玩球”的告示牌，对于抱着足球过来的我们父子俩，不知道在这个空间里还能做什么，有种无奈之感。

我们在公园里做什么好呢？经历过那个小小的困惑之后，我就开始留意公共空间里各种各样的事情。

工作中也发生了类似的事情。2009 年，我参与策划了全东京有名的戏剧活动《节日 · 东京》。作为主会场，主办方希望能在池袋的东京艺术剧场前的广场上搭建一个给观众和演员们使用的临时咖啡店，运营期为一个月。

但是，现实中此事被各种各样的障碍阻挡着，公共空间所面临的问题都出现在眼前。积极使用公共空间的行为反而变得不自由。

给我印象最深刻的是行政部门的立场。本来想咨询一下如何能在广场上开设咖啡店，但是负责管理的行政人员就像对待自家的私有地一样，接二连三地提出了各种使用限制。他的说法让人感觉广场就是行政部门的私有地。作为广场管理者的行政方，有向市民开放广场的义务，同时也应该思考如何积极地、完善地使用这个空间。但是，不知不觉间，好像限制使用才是他们的工作一样，概念被偷换了。管理公共广场意义的偏差性、违和感变得越来越强。

当然，我并不是要责怪行政方对现场的判断。不是所有使用者都能善意地使用广场，行政部门也承担着公平对待每位使用者的压力。但是我深切地体会到，公共空间僵化的姿态正象征着多年沉积的系统性疲劳。

有过这样的经历后，我开始重新思考日本的“公共空间”和“公共”的概念。我不只是抽象的思考，而是想通过改造实践提出改善的方法。

不是重建全新的公共空间，而是对已有的公共空间进行局部改进，让其使用方法甚至概念都自然而然地发生改变。小小的变化积累起来，最终会产生重新审视“公共”这个概念的效果。这就是创作本书的初衷。

“公共”与“public”的区别

首先，我想确认一下词语的定义。日语里的“公共”译成英语就是“public”，但是这两者之间存在着很大的差别。

英国的公共学校是个极端的例子。美国的公立学校是“公立的”，但是在最先使用这个概念的英国却不是。以前的英国公立学校是贵族阶级为了让自己的孩子学习而筹集资金建立的。但贵族的子女人数不多，为了让他们通过群体生活学习社会性而向公众开放。这是公立学校的起源，从本质上来讲，它是“私立的”。

我们可以从“向公众开放的私立学校”这一定义中感受英语“public”这个单词的概念。这个概念与现在日本“公共”的概念完全不同。

齐藤纯一把公共分为 official、common、open 三个意思(《公共性》，岩波书店出版)，这很容易理解。

“official”主要是指行政部门举行的活动和公共管理性事务。前面提到的池袋广场的公共空间就是从这个立场出发的。

“common”是指参加者共有的利害关系。比如，英国共有庭院的存在方式就很好地表示了其共有利害关系。被称为“common”的庭院是周围几个居民共同拥有的庭院。空间虽然归属于个人，但在一定程度上进行开放。

“open”是指不拒绝任何人访问的空间和信息。在 IT 领域的开放资源和开放网络上，其特性表现得尤为明显。

这个概念用于空间中，就变成了“官方空间”(official space)、“共有空间”(common space) 和“开放空间”(open space)。而现在，我们把这三个空间都统一称作“公共空间”，但它们的性质和管理者不同。

这样就可以知道，我之前在公园感到困惑的原因是“开放空间”被当作“官方空间”了。

我们用“公共”来表达的概念，其实是把这几个概念混杂在一起了，所以显得暧昧。意识到其中的差异就可以通过区分使用目的来寻找需要的公共空间。

比如公园，这里到处都写着《都市公园法》规定的不能做的事。管理者不同，其使用限制也在不断增加。公园里充满着维护不公平的所谓的公平障碍。

我们来转换一下思路，不从“这个空间属于谁”“是谁在管理”的一般角度，而是从“这个空间是为了谁而存在”的角度来分析，这才是新思路的开始。

公共不应该放在行政管理之下，“公”和“私”也不能明确地分开，不是能用二元论来讨论的。这种关系的结合方式应该会产生秩序合理的、生动的使用空间。

实际上，我们可以从处于“官方”和“开放”之间的“共有”概念中看到未来公共空间改造的关键。我们必须创造符合这个时代的、多种多样的“共有空间”。或者说，我们必须找回这类失去的空间，不是吗？

不要关注那个空间属于谁，而是要关注它为了谁而存在

城市空间存在着许多无形的空间划分线，这决定了极其

细微的所属和管辖范畴。这种看不见的空间划分线的存在感非常强，甚至有人因为几厘米宽的土地所有权发生纷争。日本的土地本位制根深蒂固，空间的归属性非常强。反而“空间是为谁而存在”这个概念变得非常模糊，这就是日本公共空间的现状。

私有和共有可以弹性转换的空间

在近代分化过程中，私有和共有的界线被划分出来，但是发展至今，有些界限是不是过于清晰了？确实，社会复杂化的过程中掺杂着众多利害关系，界限不清晰会导致混乱和纠纷，但同时也阻碍了交流空间的弹性。

弹性的空间曾经存在于我们的生活中，如庭院、店铺、走廊这些私有空间的“前部”空间面向街道开放，这些空间是因谁存在则显得相对弹性和模糊。我认为这类空间确保了社会的弹性——从这里开始是私有地，却面向公众开放，容许别人进入，有时候甚至欢迎他人进入。这种适度的空地产生了弹性交流，但是有一定宽度的地带现在被重新划分，可以弹性交流的空间正逐渐消失。

曾经的我们经常在空地上玩。动画片《哆啦 A 梦》中也体现了孩子们的游玩场地必须是空地，那里总是放着不知是谁家的巨大混凝土下水管，这是自由的标志。我想那个空地应该也是私有的，不过小孩可以随意进入玩耍，就像公共的私有地。但是，现在很少有那样的地方了，擅自进入玩耍的话可能会挨骂。所有的空地都围上了防护栏，明确写着“未经许可，禁止进入”。

现在想来，这类空地是半私有半公共性质的场所，是积极的缝隙空间。对我们来说，那里是不怎么受管辖的自由天堂。现在，取而代之的是设施设备完善的公园，但是行政部门却屡次禁止在此进行球类游戏或禁止进入草坪等。因为一部分人的投诉，禁止事项越来越多，公园反而变成了充满禁锢的地方。那么，现在的孩子们去公园做什么呢？只是坐在滑梯上静静地玩着手机游戏吗？像我这样沉默的大多数人被无视，而由表达不满的少数人宣布使用规则，在这样的矛盾冲突下很难形成弹性空间。

土地本位制崩溃和货币外的交换价值

基于土地本位制度，日本的土地，也就是空间，可以很容易地交易换成货币。这个概念很顽固，不过，最近我认为这一交换价值开始变得有些动摇，特别是随着人口的减少，城市土地和时间都剩余了，土地不知不觉变得没有货币价值了，虽然有线路价值等，但是完全不会有实质性交易。这和失去了货币价值是一样的。

这种土地的所有者该怎么办呢？是放任不管还是对外开放？我认为后者更具有生产力。实际上，我曾经看到过把空荡的百货商场楼层像公园一样开放，模式接近民间管理的公共空间。今后，私有地的公共化会越来越明显，在这种情况下，这个空间又属于谁呢?

可是，人们可以感到周围的事物正在发生变化。比如地震这样的大事发生后，日本人好像变得更平静友善了。如今的年轻一代对所有权和私有的欲望比老一辈要淡泊许多。他们觉得拥有土地和其他物质并不能直接和自己的幸福联系在一起。他们意识到“分享”的概念，并积极地开始享受金钱以外的交换价值。把这种意识用在公共空间，应该可以产生一些改变。

如今的时代，人们需要新的设计、创意、规则和管理下的新空间。那怎么做才能实现呢？本书的目的就是寻找获得这种新空间的启示和线索。

现在，就是改变的时候

我认为现在就是公共空间大兴改变的时机。因为人口减少，税收下降，政府财政难以负担新的投资项目，这种困境催生出合理的解决办法。僵化的行政问题对硬件公共投资的限制也越来越高，如果新建项目困难时就会选择改造。

距离政府的建设高峰已经过去40多年，现在是结构加固和老化修复的必需时期了。众多城市中，只有部分富裕的城市才有能力去新建建筑。随着持续的人口减少，扩大设施的必要性也变得薄弱了。这样的话，只需要加强结构、墙壁重新涂上颜色就够了，这也是改造为适合现有行政空间的机会。除了政府机关外，图书馆、学校等也面临同样的问题。一部分地区已经开始进行废弃校舍改造以及重新思考图书馆的运营模式。

但是，公共财产的运营是否可以委托给民间事业者呢？如何确保公平性？我们必须经常面对这些问题。这是处于行政部门立场的困境，但从优先考虑使用者幸福的角度出发，应该能找到答案。

同时，扩大公共空间的使用方法和放宽运营幅度的限制也在进行着。本书中出现的“艺术千代田 3331”和“武雄市图书馆”是典型代表。行政部门发现自己运营管理这类设施的负担较重，并注意到将其外包的有效性，进展顺利的话，这样就能够削减经费和促进空间的活化。

在本书中，我一直建议公共空间的开放路线。因为空间不能从管理者逻辑，而是必须从使用者逻辑来设计。为此，我们必须把空间的主体从管理者转移到使用者。

社会学家亨利·列斐伏尔在其著作《空间的生产》中批评说，遵从管理者逻辑创造的空间被称为“抽象空间”，阻碍了空间的自由和灵活的使用。反过来，按照使用者逻辑创造的空间被称为“活性空间”。在活性空间里，充满着只有使用者才有的智慧，并不断变化和优化，空间在保持活力的同时维持生存的案例有很多。

本书介绍了许多通过“使用者逻辑”重新认识空间的案例和构想。虽然很多是小案例，不过正是这些个案的积累改变着公共空间的现状。

RePUBLIC

republic，翻译成日语是“共和国”的意思。翻译过来后，词义发生了变化。其语源是拉丁语“res publica”，意为“公共的物品”。共和国是“国民共享国家”这一理念所创造的体制，与此相对的是君主存在的国家——君主国。

国家作为公共财产的想法是理所当然的，但我们能不能准确地把握住这种感觉呢？因为正是这种感觉，才能够切实地让我们感受到公共空间是属于我们自己的空间。

我想通过写这本书，重新对“公共（public）空间”进行质疑。

马场正尊

1 公园

公园属于谁？

公园有按照它本来的目的被使用吗？

孩子们能安全自由地玩耍吗？

你最近有没有好好使用过公园呢？

没有了人的声音的公园，正是“公共”（public）概念僵化的状况。

重新认识公园的存在方式，是重新思考关于新公共空间的契机。

重新思考公园的使用方法与重新质疑“公共”的概念相关联

儿童公园可以让孩子们安心玩耍吗?

为了让孩子玩耍，我带孩子去了家附近的儿童公园，发现长椅被流浪者占据，他们还在旁边的饮水处洗澡。我们无处可去，度过了一个注意力被占有者占据、不能平静的休息日。从那以后，我很不放心让孩子单独去这样的公园。

这是小型儿童公园的现状。这些情景映射着日本的经济状态、雇佣关系、社会福利等复杂的问题。儿童公园让孩子们失去自由和安全的过程，正是日本公共空间的现状。

被规则束缚的、不自由的公园

从 2002 年开始 9 年间，每年秋天，我的事务所所在的片区都会以东京的东神田和日本桥马喰町为中心，在大楼之间的空地上举办艺术活动。我的事务所正好处于这个区域，所以由我们负责策划这一活动。

有一年，一位艺术家打算在附近的公园进行表演。我们想搭建一个临时咖啡馆，向管辖的行政部门咨询的结果是，他们不允许我们临时占用公园进行营业性活动。公园的正常使用被各种手续阻拦。最后，我们只能选择租用附近的私有地搭建咖啡馆。这次演出对公共公园的演绎过程有着特殊的意义。

对流浪者事实上占有长椅默认，对纳税市民的艺术表演

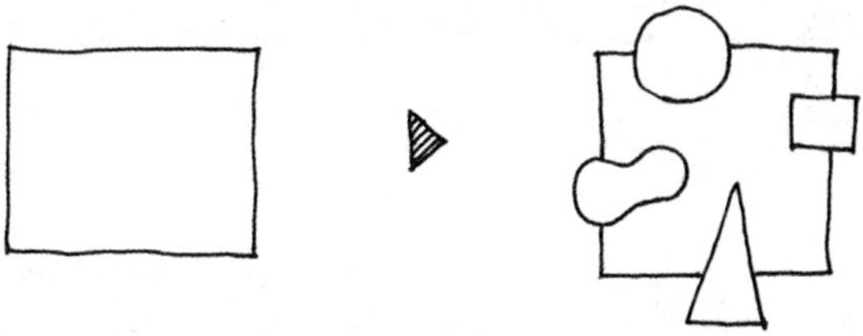

则禁止。公园究竟是为了谁而存在，又是谁为了什么目的而进行管理呢？

僵化的系统和扭曲的公共概念阻碍着公园本来的用途。现在，公园矛盾地存在着，它象征着这个国家不自由的“公共”。

行政部门无法管理公园的时代到来

另一方面，现在公园有了改变的机会。

由于税收减少，行政部门不得不对经费的支出进行裁减，公园的管理方不能盲目地投资。这样一来，公园的管理自然就交给民间了。进一步深入的话，行政部门可以以使用权作为交换，委托民营企业对公园进行管理。比如，在公园的角落开设花店和咖啡店，店铺经营者能把公园打理得漂亮一些，对于使用那些场地的市民来说也有很大的裨益。当然公平性等的验证是必要的，不过比起不能让孩子安心玩耍的儿童公园还是要好很多。

不通过行政部门，而是通过民间来引进公园的新系统，这可以看作是指定管理者制度的修订版，也可以说是受益者承担制度。无论怎么样，重新构建公园体系的机会已经到来。

重新思考公园与重新思考这个国家的公共生活方式相关。

离公园近，税金就高的逻辑是什么？

中央公园（纽约）

受益者承担的公平性

曼哈顿的正中是南北 4km、东西 0.8km 的大型公园——中央公园。这个公园是纽约的象征，深受市民喜爱。

中央公园的建设费通过发行“中央公园债券”和受益者承担制度筹集。这是公园的受益者投资形成的结构模式。

这种模式体现了美国式的公平。

中央公园受益者承担制度

通过制度策略催生公园的可能性

受益者承担是指受益者承担设施的维修和服务费用，这是市场经济的原则之一。

中央公园的建设费由于导入市场经济原则而得以确保。为了筹集中央公园建设的资金，纽约市发行了“中央公园债券”，同时导入了受益者承担制度，并通过对公园建设受益地的划分，从土地收益的 500 万美元中收取 32% 作为受益地课税。

这样整合的结果是，把有能力支付高昂的受益者承担制度费用的富裕阶层聚集起来，使公园周边一带成为当时纽约最豪华的建筑区域，并且公园邻接地的资产价值也随之大增，市政府也因为税收的增加，顺利收回了公园的初期投资，进而使得公园的整改投资成为可能。

基于这样的法律措施确保资金来源的方法，中央公园附近的环境质量得到保障。这是在保持城市空地良好状态的同时又能互相共有的智举。此后，在创建布鲁克林、丹佛等的公园绿地时，都采用了这个受益者承担制度。

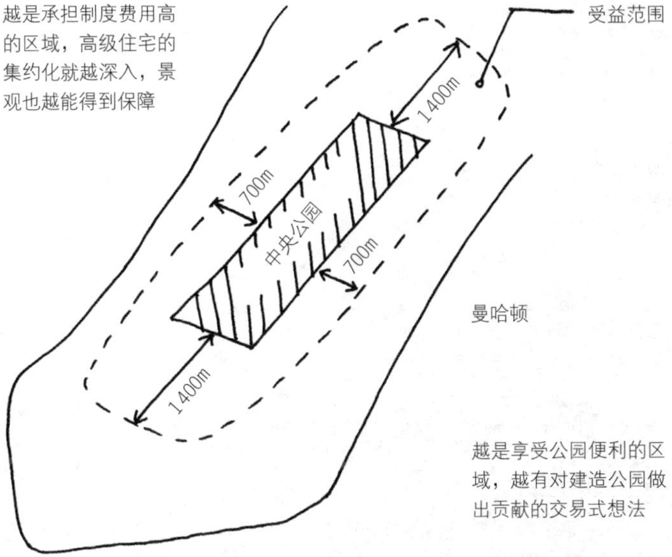
越是承担制度费用高的区域，高级住宅的集约化就越深入，景观也越能得到保障
受益范围
1400m
700m
中央公园
700m
曼哈顿
1400m
越是享受公园便利的区域，越有对建造公园做出贡献的交易式想法

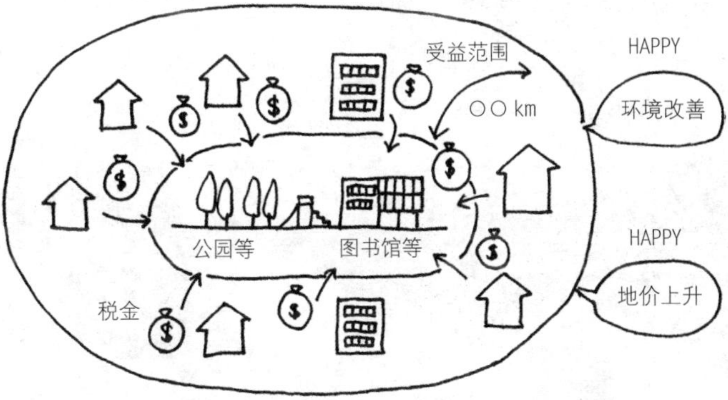
受益范围
HAPPY
○○ km
环境改善
公园等
图书馆等
HAPPY
地价上升
税金

日本銀行

企业投资使公园再生

宫下公园（东京都涩谷区）

如何构建一个让市民、企业和行政部门都愉快的体系?

东京涩谷的宫下公园，从20世纪80年代后期开始，流浪者开始逐渐增加，一度成为市民难以接近的地方。宫下公园是通过构建行政部门和企业的新关系而让这种情况得以改变的典型案例。

最初，2006年在教育委员会体育振兴科的管辖下，通过增加运动设施的方法在宫下公园修建了两个五人制的足球场（这属于公有的地基和设施，需要说明由某个特定企业中标的原因，这是关键点）。在宫下公园这个案例里，这是最花费心思的地方。

此后，在从公司和学校回家的途中，有了在城市中心踢球的机会，众所周知，这里维持着很高的使用率，提供了新的城市生活方式。

接下来是命名权的授权。经过竞标，2010年，某企业取得了该公园10年的命名权，并对公园的环境整改给予支持。整改的结果是，公园内在设有五人制足球场的基础上，还增设了攀岩墙、滑板场、无障碍电梯等多种设施。

上述过程中，需要时间来转移流浪者。因为是行政部门管辖的公园，对于建立新的使用模式存在获得共识的难度。但是，为了把公园还原为公共场所，这一过程是必要的。

活用公园的三个突破口——社会实验、临时使用许可和指定管理者制度

好好使用这三个关键词

在对没有被很好利用的公园进行策划的时候，有什么方法呢？放在以前，这是很困难的事，但是近年来都市公园法规定开始放宽，现在处于实验阶段。

例如，在不给其他使用者带来麻烦的前提下，允许摄影等活动的临时使用。有的公园设定了一定的标准，以收费的形式发放使用许可。

同时，正在进行验证有效性的“社会实验”可以在这个框架中进行社会贡献度高的新尝试。町会、商店街工会等与地区关系紧密的组织使用区域内的公园时，能相对更容易地获得使用许可，这些组织可以在公园内举办节假日活动等。节假日活动正是以这个框架进行的。

也有与地区成为一体，在共识中开展活动的方法。也许对于小的社区来说，这是基本的结构。如果开始新的尝试，可以由地区组织向行政部门提交要求等书面材料，这样就能引起行政部门的重视并慎重对待。

对公园项目有用的关键词

社会实验
在引入可能对社会造成重大影响的措施之前，在市民参加的基础上，对场地和活动时间进行局部试行、评价，判断是否引入该措施
临时使用许可
管理者允许使用者临时使用（独占使用），可以在道路、河川、开放空地等空间进行
指定管理者制度
活用民间力量来管理公共设施，在提高服务品质的同时，也能节约经费

放宽都市公园法规定的要点

2004 年，“公园管理者以外的人设立公园设施等”的规定得以放宽，允许更广泛多样的主体对公园设施进行设置和管理，获得许可的主体对象为私人、民间事业者、地方公共团体、公益法人、NPO 法人、中间法人等。据此，餐厅的民间经营者将统一管理草坪广场和花坛，周末也可以作为露天咖啡馆使用。

在公园开店的提示

公园里的自动售货机和咖啡厅有什么区别?

公园里通常设有自动售货机。从卖东西的意义上来看，自动售货机和小咖啡厅两者都是营业行为，那么有什么不同呢?

公园里的自动售货机是负责管理的民间经营者设置的，是公园的设施之一。按照这个思路，那么公园设施的管理者是不是也可以开设咖啡厅呢?在对咖啡厅进行清扫、管理的同时，还能为来玩的孩子和家人提供服务。因此，可以考虑把收益的一部分用于环境整改等公园的日常维护。考虑到合同期限等问题，咖啡厅硬件可以考虑使用易于拆除的简易结构。行政管理上削减经费、良好的咖啡厅环境以及对地区居民来说安全且方便的公园，这是对三方都有益的模式。

公园管理分为两种：一种是进行公园管理和运营的“指定管理者制度”，另一种是管理公园内设施的“公园设施设置许可制度”。现阶段，活用这两个制度的框架体系，你也许能够在公园里开设一间小店。

在公园开店的两个关键词

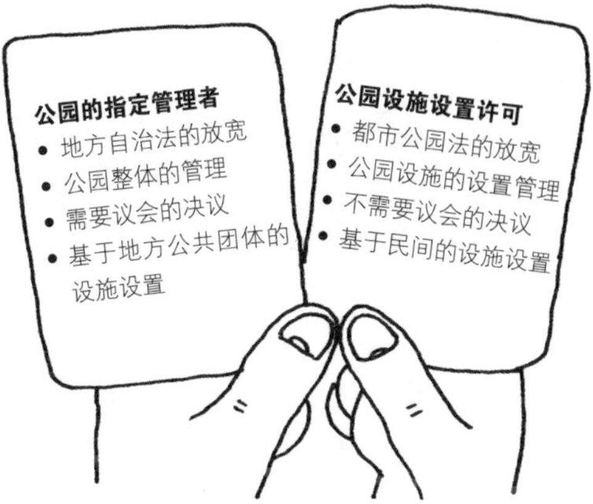
公园的指定管理者
• 地方自治法的放宽
• 公园整体的管理
• 需要议会的决议
• 基于地方公共团体的设施设置
公园设施设置许可
• 都市公园法的放宽
• 公园设施的设置管理
• 不需要议会的决议
• 基于民间的设施设置

对已有场景的解说

上野公园的星巴克

公园的管理：指定管理者
露天咖啡厅的设置：东京都
露天咖啡厅的运营：星巴克（指定管理者由公开招募决定）
向东京都支付设施使用费

涩谷区公园的自动售货机

公园的管理：涉谷区
自动售货机的设置：民营企业
自动售货机的管理：民营企业
把土地使用费和营业额的一部分付给区政府

建立把公园获得的收益用于公园管理的机制

人口减少了，街道上的小公园也变
得寂寞了
还存在防盗、卫生等方面的问题
行政管理负担很重
那样的话……

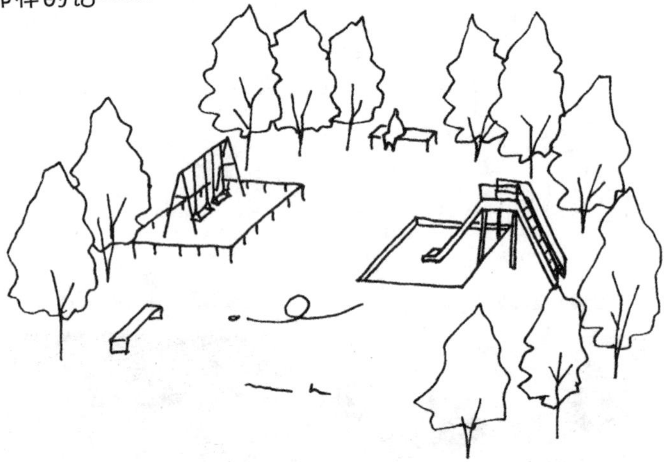

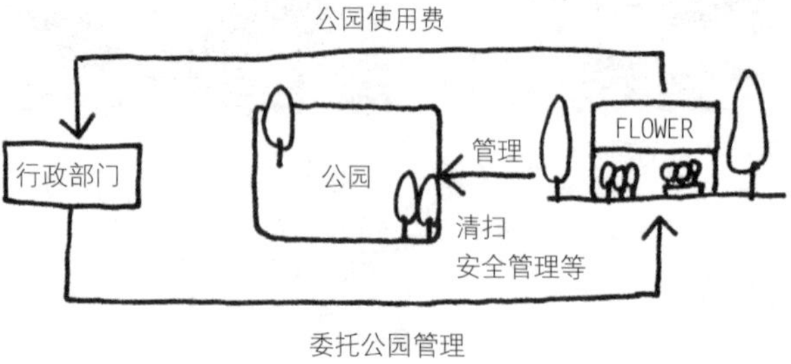

清扫公园是咖啡店
运营者的义务
哇哇
哇哇
小咖啡厅里，妈妈
们一边喝茶，一边
看着孩子玩耍

设计出关系大家幸福的模式

现在的公园禁止营业行为。但是，把公园的清扫和管理作为义务，试着允许设立小报亭那样小型的餐饮和零售场地，使用费和收益的一部分用于公园的日常维护。如果建立了这样的体系，是不是就能更加积极地使用公园了呢？

如果儿童公园里有小花店，花店经营者也负责管理公园，这就可以让公园变得安全又美丽，来访的人们也会心情愉悦。如此一来，气氛沉闷的儿童公园就焕然一新了。

把开放的空地变为城市的客厅

COREDO 日本桥（东京都）

Open A works

甲板、家具、WiFi……稍微下点功夫，通道将变成丰富的空间

日本桥的后院，最初只是起着供人们往来路过的动线作用。2005 年，受广告公司的委托，由 Open A 设计进行了人员聚集的空间改造。所做的工作很简单，铺上楼梯状的木板，在各处设立长椅、桌子等，就像在灰色的街道上放置颜色鲜艳的家具一样，传达出“此处可以使用”的信息。

另外，在植物的旁边也设置了可以坐的台阶、在桌子上安装了照明设备等细节。如果安装上无线网络，打开电脑就可以和其他人取得联系。现在，时常可以看到人们在桌子上办公、在明亮的光线下聊天的情景，长椅上也可以看见吃盒饭的身影，这些多样的使用场景都阐述了城市中开放空地的无限可能。

开放空地之所以没有被有效地利用，我想是因为没有释放出可以使用的信号。只在那里孤零零地放着几个艺术品，不能让人产生使用它的想法。

对于在隔壁大楼工作的上班族来说，楼下的空地是延伸的室外办公室；对于路过的人来说，这里是大楼缝隙间的公园。如果相互之间能成为附加空间，那么这个公共空间就成立了。

开放空地没有被很好地利用的原因

如何使用开放的私有地这种类型的中间区域?

所谓开放空地，是基于建筑基准法的综合设计制度，在建筑项目的地基上规划出来的、对一般公众开放的空间。开放空间是为了缓解高楼林立、城市过密化而建造的。虽然开放空地不能作为以营利目的的设施长时期使用，但是作为临时的活动使用是可能的。

开放空地是位于私有地和公共空间之间的位置比较尴尬的空地，是处于公共和私人的中间区域，具有有效活化城市的可能性。但现状是，这些空地被积极使用的例子还很少。最近，能看到作为吸烟区和偶尔日常活动使用的情况。这些空间周边拥有众多常住人口，却没有展现出它的使用魅力。

如果没有以使用为前提的硬件整改和使用规则的整改，就很难有效地使用这类特殊空间。因为毕竟是私有地，存在着管理责任方是大楼所有者进而限制以营利为目的的使用的矛盾。因此，到现在，经常存在“为了增加容积率，没办法只好做成空地”的情况。

但是近年来，能够更灵活地使用开放空地的案例多起来了。结合程序，配备好基础设施就能变成有人流量的、绝好的宣传空间。

广场，兼具私有地和必须开放两种性质，或许是质疑“公共”概念最典型的场所。

开放空地是什么样的地方？

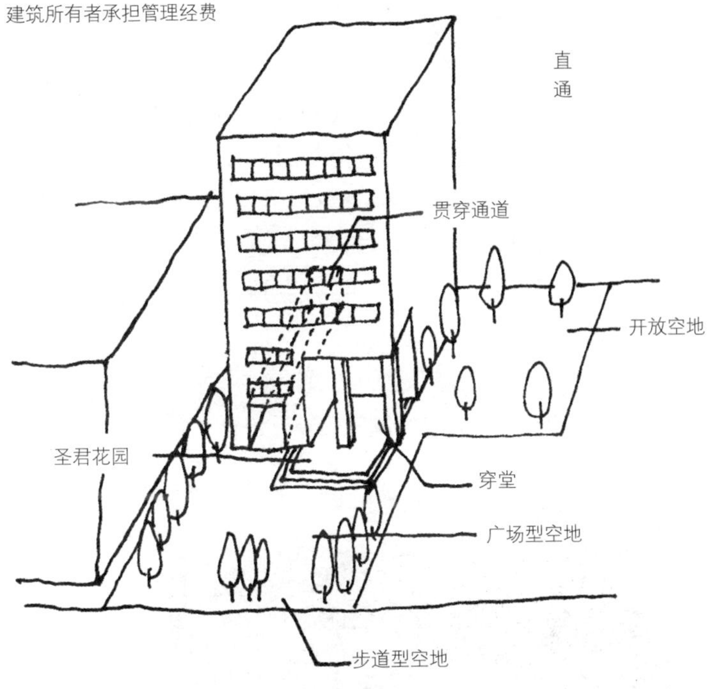

是私有地，却向公众开放，
有着双重性质的空间

开放空地也可以盈利

适度的获利能使空间活化

由于开放空地是民间用地，所以有些地方自治体的管辖体系也允许举办盈利活动。

实际上，我们身边也存在着可以盈利的开放空地。六本木 Hills 的 Hills 竞技场和惠比寿花园广场就是典型案例。

在东京都，如果把开放空地用于举办收费活动，那么作为“街道创建团体”进行城市建设的法人需要到城市整改局进行登记。注册后有可能进行：

（1）收费的活动，如开设露天咖啡厅、物品售卖等。

（2）省略部分申请手续。

各地区政府有着自己的考量，存在着或多或少的差异，不过便于使用开放空地的制度确实开始有了弹性。

东京中城（Midtown）草坪广场的室外活动

活用东京都创建美丽城市建设推进条例的团体登记制度

在城市建设团体注册登记:
1. 可以收取开放空地的使用费
2. 每年可举行 180 天的收费公益活动
3. 可免除部分申请手续等
街景创建活动
城市建设团队
活用开放空地的创收活动
注册登记条件……
1500m²
①计划区域面积在 1hm² 以上
②开放空地在 1500m² 以上
③ NPO 法人、社团法人、株式会社等法人代表

六本木弧光大厦弧光广场的户外市场

夜晚公园的另一面

唤醒夜晚的公园

城市的公园一到晚上路灯就少了，黑漆漆的，这也容易产生安全问题。晚上的公园不能很好地发挥作用。

能不能让夜晚的公园拥有其他功能呢？比如，改造成夜间电影院？像电影《新电影天堂》（*New Cinema Paradise*）一样，利用它的昏暗建造一个室外电影院，住在附近的人们可

以聚集起来，一起看电影。

夏天开个小型的露天啤酒屋，和附近的居民一起烧烤，炎热的夏天里一起喝美味的啤酒。从结果上来看，这也许是连接即将失去活性的社区的契机。

连接剧场和街道的广场设计

道顿堀角座（大阪市）

Open A works

镶着玻璃的剧场，像庙会一样的广场

以前道顿堀有角座、浪花座、中座、朝日座、弁天座五个戏棚，被称为“五座”。这里是京阪地区的歌舞伎剧的核心地区，演员们曾经阔步行走在道顿堀的街上。如今，随着剧场向心力的下降，这一情景也一去不复返。

2013 年夏季开业的这个策划，是为了让曾经拥有角座的空地时隔 29 年后再次复兴，使其成为道顿堀演艺文化再生的契机。Open A 设计了有 120 个座位的剧场，并在剧场前面设计了广场。这个项目的设计理念是：向大街敞开。

剧场用玻璃隔开，人们可以从外面一览室内，剧场的活力和氛围传递到街上。路过的人们可以看到艺人彩排和工作人

员搭建舞台的情景，行走在街上的人也能感受到舞台的气息。

广场是连接道顿堀和角座的空间，从剧场的角度来看，广场也是一个开放式的露天戏台，厨房车、货摊、巨蛋帐篷等随意地排列在屋檐下。等待戏剧开场期间，人们可以在那里开心地吃吃喝喝，路过的行人也容易加入其中。搞笑艺人在小摊上客串店员，当场表演即兴的短剧让在场的客人们发笑……

无论是看戏的一方，还是表演的一方，都融为一体，让这里成为充满笑声的广场，一年四季都像庙会一样充满活力。

把公园变为当地居民的庭院

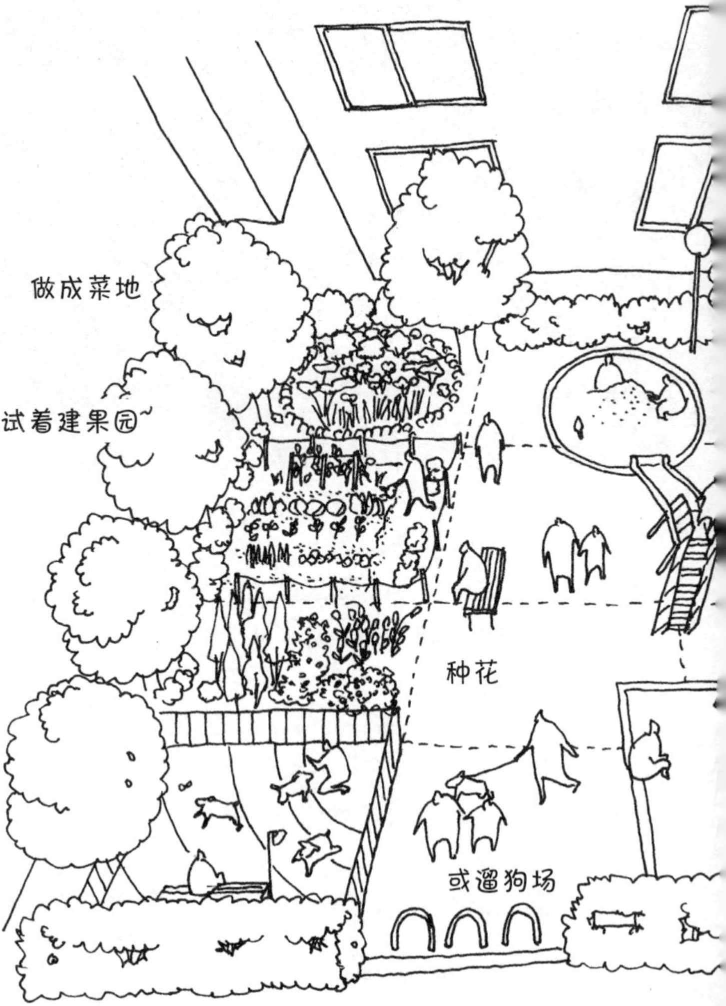

划分区域，由当地居民共同管理的公园

把公园化整为零，分成各种功能的小片区，像周围居民的庭院一样进行管理，如做成菜地、花坛或遛狗场等。通过在当地居民与公园之间建立起新的关系，居民才能意识到这个地方是为他们而存在的。如果有合适的契机，公园将再次顺理成章地成为街区居民聚集的场所。

公园也是城市的办公室

布赖恩特公园（纽约）

随心使用公园的自由

这里是位于纽约市立图书馆旁边的布赖恩特公园。

公园虽然被高楼大厦包围着，但这里既是休息的地方，也是上班族们的工作场所。

布赖恩特公园现在的使用模式，是从导入可以免费使用的纽约城市无线网络（NYCwireless）开始的。周边的上班族为了转换心情会走出办公室来到这里，积极地使用这个公园。

公园里有酒吧和桌子，人们一边拿着咖啡一边晒着太阳，十分悠闲。眺望绿色草坪的上班族也成了纽约的一道风景。

公园和办公室很相似

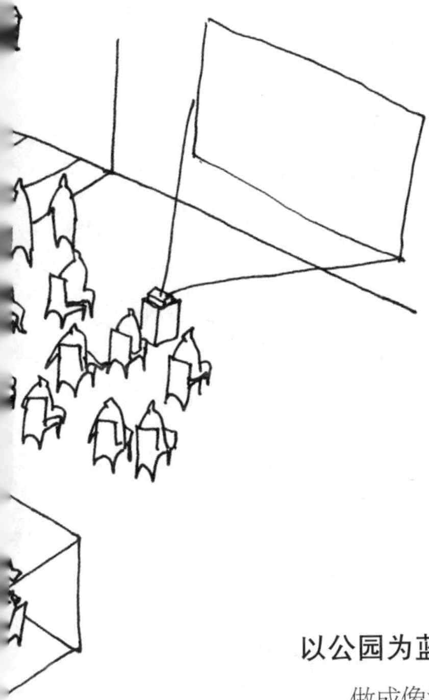

以公园为蓝本规划办公室

做成像滑梯和玩沙场一样游玩的地方是为了促进思考和交流。长椅和藤蔓架是为举行会议而设置的。人们不是一动不动地坐着，而是一边活动身体一边思考，这样会促进产生新的想法。

公园和办公室，这两个迄今为止最遥远的地方，空间的亲和性却高度一致，不是吗？

把商业街的空地变为市民聚集的场所

哇哇！！集装箱（佐贺市）

设置集装箱，是街道开始改变的信号

“哇哇！！集装箱”，是为了激活城市而在佐贺市市区的空地上设置的“小型集装箱”。这是一项2011年开始，由株式会社工作视觉（WORKVISIONS）和佐贺市共同开展的社会实验。

在空地上放置集装箱，这个看上去很简单的工作，是从

通过建筑基准法的审核开始的，这个过程相当复杂。集装箱不是建筑，但是如果以人的进出为前提，长时间设置在同一个地方的空间必须通过建筑确认申请，因此不能只是放置，还需要用螺丝固定在地面基础上。

街上突然出现集装箱，会带来很多联动效果。

集装箱里有杂志和绘本图书馆、积木游乐场，还有挑战商店（即在限期内把空店向开业意向者出租）。在没有任何东西的空地上有一个集装箱，这里会发生一些故事，不知不觉间，这里作为市民聚集的场所活跃起来了。

城市市中心的空洞化在不断加深，用于停车的空地也在增加，这破坏了风景和人们的交流。我们在佐贺这个项目中提出的建议是，既然已经变得疏远，不如重新还原为最原始的模样，变成让孩子们自由奔跑的场地，进而打造成店铺和住宅交错、绿地和建筑混杂的新街道。

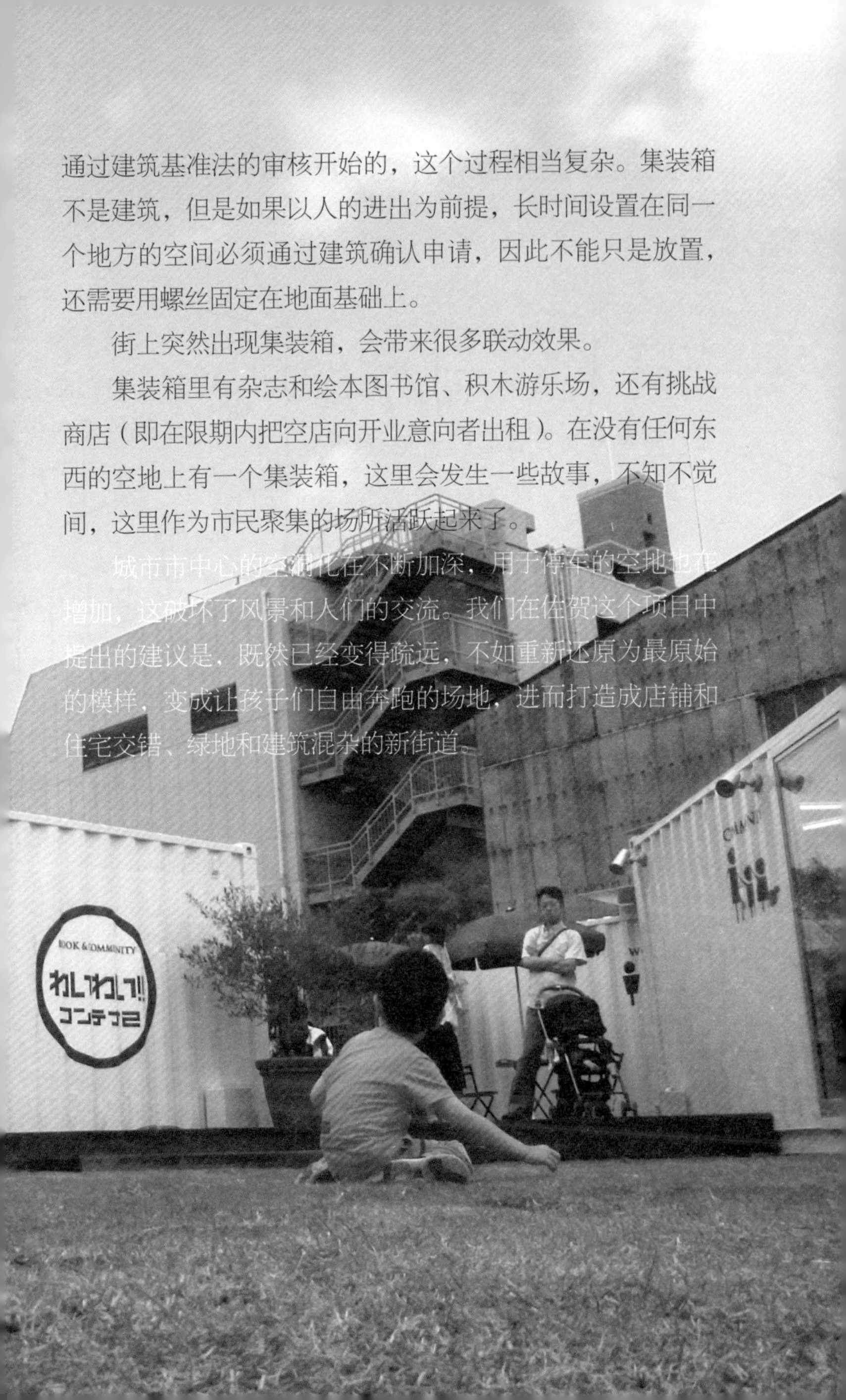

把儿童公园和保育所合为一体

保育所负责公园的清洁管理
把儿童公园旁
建筑改建成保
共用公园游
乐设施和保
育所设备
街上的人也能来玩

为了让城市的育儿环境变得更好

城市地区待机儿童*的增加成了社会问题。另外，也有将没有庭院的都市办公楼层作为保育所来使用的情况。

针对这种情况，把靠近都市儿童公园的建筑物的一部分改造成保育所和托儿所，一举两得，怎么样？

把儿童公园的一部分变成了拥有宽敞舒适庭院的保育所，对于行政部门来说，建设费用减少了，如果保育所负责维持管理公园的话，行政上也可以削减经费。对于孩子们来说，在宽敞的庭院里度过也会更幸福。

译注：在日本，把需要进入保育所，但由于设施和人手不足等原因只能在家排队等待保育所空位的 0 ~ 6 岁的学龄前儿童，称为待机儿童。

在开放空间中郊游的权利

东京野炊俱乐部

在公园里什么可以做，什么不能做，是个难题

建筑师太田浩史于2002年成立了名为“东京郊游俱乐部”的自由组织，在东京各种各样的公共开放空间进行野餐实验。这个活动本身就是艺术工作，也是重新审视公共概念的、有把握的行为艺术。

他们在活动中使用“郊游－权利”这个词，意在维护大众“郊游的权利”。在公共的公园里，允许人们做什么、允许到什么程度，是希望通过本次活动重新审视的基本问题。

“东京郊游俱乐部”主张“郊游－权利”。我们想要宽敞的草坪来野餐，而不是只有长椅和喷泉。如果东京的公园绿地可以开放，郊游会成为让城市作为交流场所再生的确切方式。我们想找一片空地，即使那里绿地不足，没有草坪，也不影响我们在那里用餐和聊天。这样的话，200年后的东京郊游项目将成为接受新城市风景的尝试。

比如，在东京的开放空地铺上席子开始野餐，如果管理员过来说不可在此野餐，你可以反问他：“是什么制度不允许我们在这里野餐？”当然，他们应该无法作答，因为那是对城市空间的所属、管理以及生活在那里的市民行为提出的问题。这是一个相当滑稽的场面，也是一个暗示性的对话。

那么，到底在日本城市的空地上，市民自由地铺设毯子进行野餐的行为应该被容许吗？应该被容许到什么程度？这是以一种幽默而非挑衅的方式来挑战公共常识的行为。

由行政部门来决定在公园里能做什么、不能做什么，这件事本身就很奇怪。东京郊游俱乐部向我们展示了如何取得共识以及对现有管理理念提出反对意见。

颠覆既成理念，连接学校、图书馆、剧场的大型跑道

罗东运动公园（中国台湾宜兰）

城市可以成为便民的、引人入胜的公园

从台北市区开车 1 小时左右的郊外有一个叫宜兰的小镇，是台湾致力于实施各种文化政策的、备受关注的小镇。在这个小镇上我发现了一个能够改变公园既定理念的案例。

田径赛场的 400 米跑道俨然出现在街上，一般来说，它本应在体育场内。这个公园的跑道没有栅栏，从大街可以直接进入。跑道是塑胶的，路线也规划得很好，是真正的竞技赛道的设计。但是，周围并没有设观众席，而是环绕着小学、图书馆、室外剧场、滑板场等设施。跑道接连着各种功能的公共设施，而且没有边界，与各设施无缝连接，这里也是所有设施共有的公园。

跑道内侧是池塘和小树林，因此无法环视整个跑道，但是形成了一个可以体验田径场内有森林景观的不可思议的空间。

市民们按照各自的方法使用跑道，跑步的正统派、悠闲散步的老夫妇、正在上体育课的小学生，那是一种有趣的、让人安心的风景。

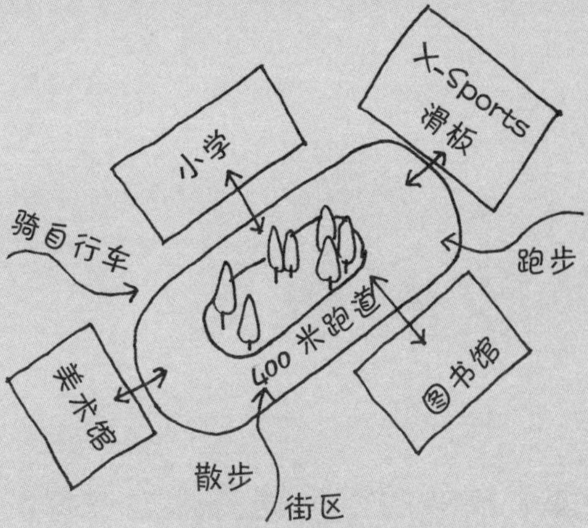

跑道和户外剧场相连，成了老人们的散步道

跑道上，人和狗都安静地散着步

跑道与 X-Sports（滑板等）的游乐场相连

跑道与小学用地相连

2 政府机关

为什么每个政府的空间格局都是一样的？

并排排列的桌子，每个部门被隔开，与市民隔离的前台……

组织僵化，跟这个空间也有关系吧？空间给工作者带来的精神影响很大。

行政改革迫在眉睫，如果改变现有组织有困难的话，那么可以先从空间和硬件开始。

受空间影响，组织也在慢慢地发生变化，把政府作为实验场。

ここは 本館1階ロビー です

空间改变，组织也会随之改变

迫切需要改变组织和空间的政府机关

从县厅、市政府到町村政府，无论规模大小，日本的政府机关空间到处都是一样的。

1981 年，新耐震基准实施前建造的政府机关，迫切需要进行重建和大规模改造。但是，从税收的下滑和民众对行政管理的批判来看，已经不能像过去那样简单地新建了。

同一时期，行政管理本身也被重新质疑。由于人口减少和财政紧缩，迫切需要改善以前低效率、高成本的体制。和空间一样，组织结构也需要重新考虑。

与街道隔绝的政府机关

政府机关的选址和布局也有问题。自 20 世纪 60 年代人口显著增加以来，日本的城市逐渐扩张到了郊外。与此同时，原本位于市中心的政府机关也多被迁到城郊，工作人员和访客都是开车，他们也在城区饭店吃午饭和消费。但是，郊外化的政府机关在建筑中就完成了它的功能，人们开车来回，出了政府建筑后，就开车回到市区，没有多余的停留，这导致了经济的短回路，夺走了一部分城市的动态性。

脱离了城市的政府机关，失去了城市的真实性，这和城市的衰退不无关系。现在，让政府机关的功能再次回到城市中心的运动也开始了。政府机关可以成为城市活力的引擎。

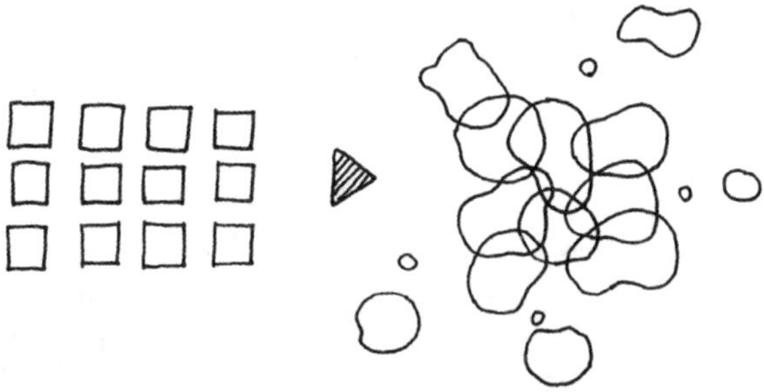

摆脱均质政府

政府存在重新审视空间结构、布局选址等需要改善的课题，这也使得政府空间拥有其他可能性。根据街道的人口和面对问题的不同，政府的形态、规划、布局可以是多样的。但是，多数政府建筑的平面规划相似，这对于成长时期的管理是不错的，可以处理人口急剧增长所对应的事务，这是由“如何能更容易管理”这一逻辑所创造的近代空间。

例如，在市民动线和政府工作人员之间有一个高度约1米的柜台，可以把两个世界清楚地隔开，里面配置着对向的岛状桌子，每个座位上的人所处的职务从外面也能一目了然。儿科、观光科、城市规划科的业务内容各不相同，但是所有科室的空间格式却是统一的，就连使用的家具、房间的亮度都一样……这是近代终极均质空间的体现。

比起效率和均一性，多样性和共识的重要性更应优先，地区的规模、风土人情和居民气质不同，政府机关也应该具有多样性。

不按管理方的逻辑，而是按照使用方的逻辑，试着重新整合政府机关。

这也是政府机关，在阳台举行市民和职员会议

名护市政府（冲绳县）

由“朝露阳台”这一中间区域形成的风景

1981 年竣工的冲绳县名护市的名护市政府，被绿色包围的中间区域被称为“朝露阳台”。

夏天一到傍晚，在令人心情舒畅的半室外场所，人们就会拿出折叠桌，举行小小的宴会。这是只有冲绳的风土和人们才有的小故事。

政府大楼体现城市的空间和生态。

“朝露阳台”是由象设计集团设计的改变政府概念的名作。

使用冲绳常见的混凝土块
形成的建筑外观很好！
朝露阳台
衔接内外部的中间地区
政府机关的半户外设
计，散发着休闲的气质
公园与政府之间
相连的弹性入口

增强结构的时候是改造的机会

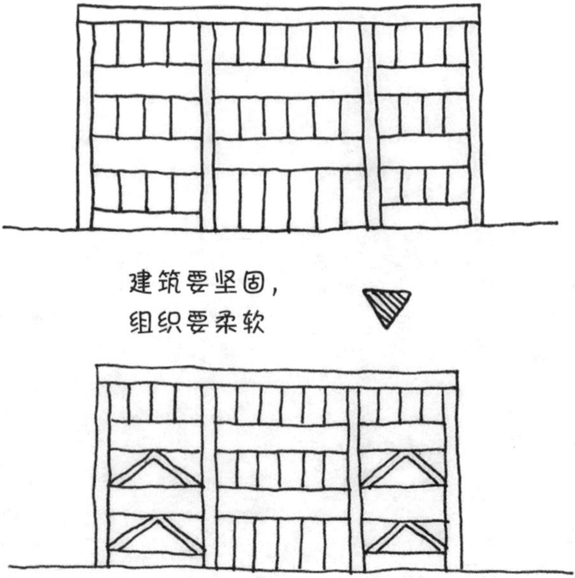

硬件要牢固，软件要灵活

现在，迫切需要进行耐震修复的政府机关也许是一个改造的机会，因为可以利用这个机会进行空间重组，同时获得与外部的开放性。

想要改变企业，贸然地对管理和组织进行改革可能会产生大的摩擦和分歧。所以，可以采用先改变空间后改变组织的方法。这个理论也适用于政府机关。

强化空间、软化内部组织，是政府空间的未来。

空间的重组促进组织的重组

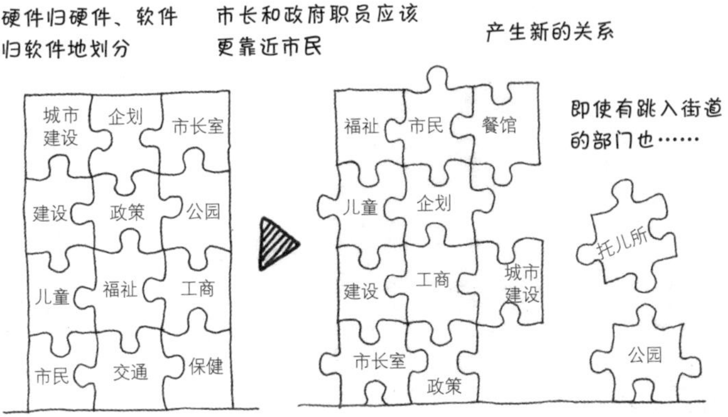

对部门空间配置的常识进行质疑

重新审视岗位和部门的配置会不会产生新的关系？

以前，部门的配置大多是统一的，譬如建设科、土木科、公园科、住宅科等类似的硬件部门是集中在一起的，儿童科、福利科等软件部门也大多集中在一起。这样的配置在今后的时代也有效吗？

试着大胆地重新洗牌。例如，硬件系的公园科旁边设置软件系的儿童科，“对儿童科来说，什么是好的公园”这样的课题需要跨越部门一起探讨。

行政部门到现在为止所配备的设施重心应该从新建转移到维持管理上。硬件向软件转移，双方部门联合的要求会越来越多。哪个部门设置在旁边共用一个空间比较好呢？对这一点进行重新思考可能会产生新的组织形式。

试着把柜台换成圆桌

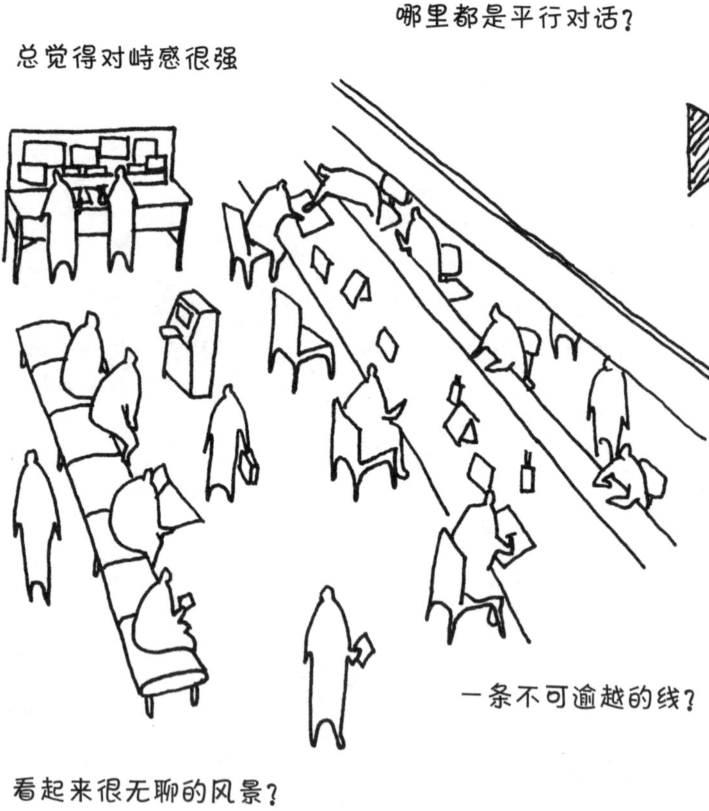

哪里都是平行对话？
总觉得对峙感很强
一条不可逾越的线？
看起来很无聊的风景？

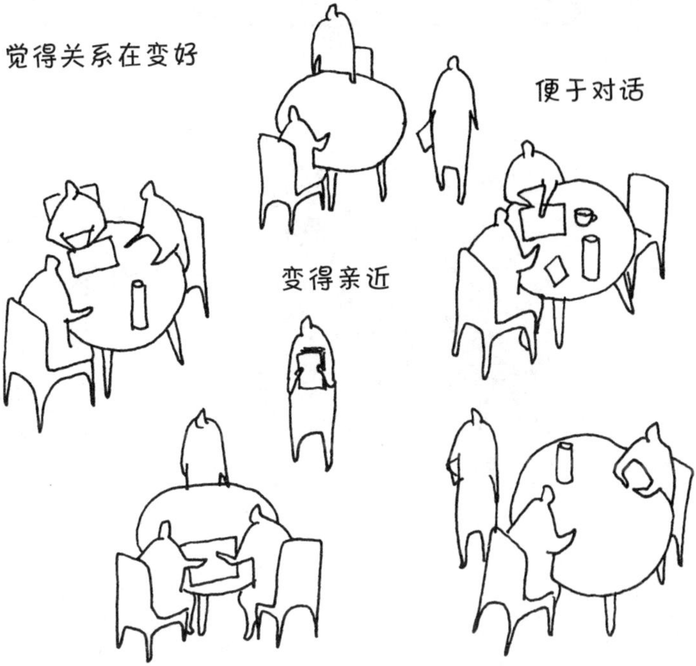

桌子的形式改变交流

市民与办公空间高度 1 米的柜台也是两者间距离感的象征。即使没有这种意识也会产生管理方的政府与被管理方的市民之间的对抗轴，这正是柜台导致的。

我想首先去除那个分隔两个世界的柜台，使空间相连，形成亲切的氛围。前来咨询的市民和政府职员围坐在一张圆桌旁，这样能带来交流立场的改变。

城市建设部门应该设立在市中心

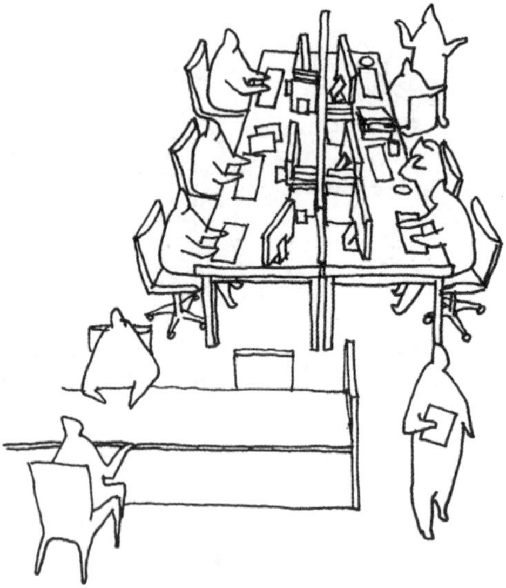

大楼里封闭的
政府机关

工商观光科入驻商店
街的空房子中

最新的街道信息
传入政府机关

商店老板也能倾听顾客的
小烦恼和心血来潮的想法

街上的空置房屋被利用起来，一举两得

为了活化商业街，把工商观光科等部门向街中的空置店面转移。

比起在政府大楼里，在商业现场更能发现城市的问题。

物理距离的压缩使得与城市的精神距离也近了。

商店街因为空置房屋而烦恼，这样利用起来一举两得。

小现实从政府开始实现

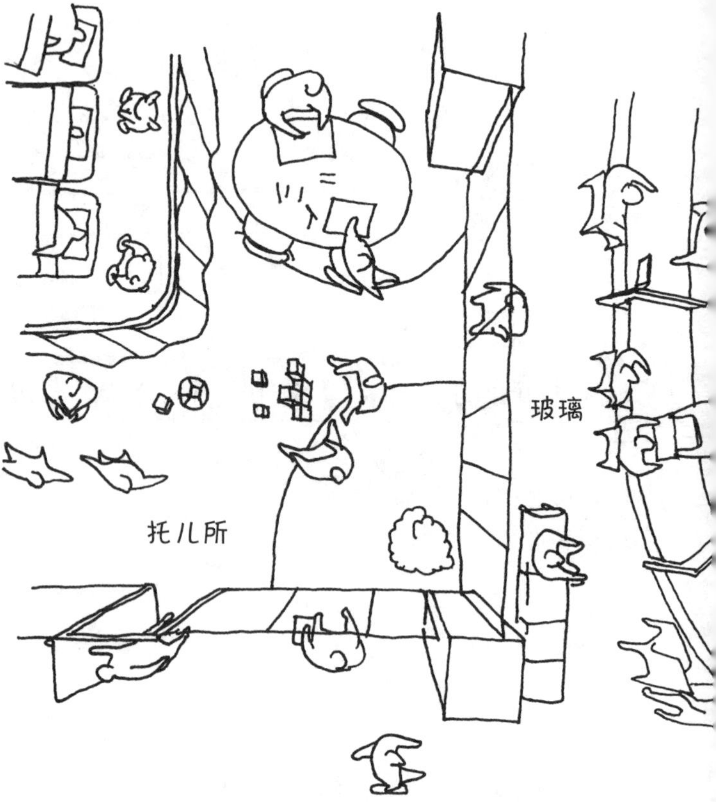

行政服务的一部分在政府里

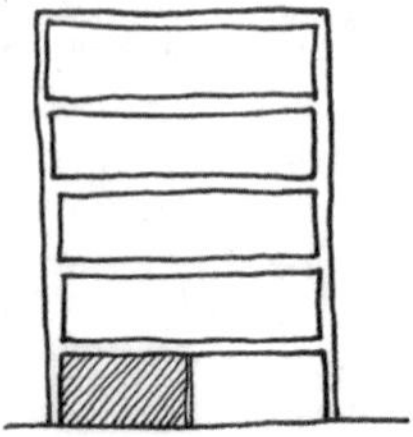

在进行儿童福利工作中能真实地感受到孩子们的活动情况

缩短物理距离，构思也会改变?

比如说，政府里有一个小型托儿所，儿童福利科的职员可以看到儿童的日常生活。因此，应设法缩短使用现场和规划现场的物理距离。

电视剧《跳跃大搜查线》* 中，青岛警官说过“案件不是在会议室发生的，而是在现场发生的”，这也适用于政府机关。

译注:《跳跃大搜查线 》(1997)

导演：本广克行 / 泽田镰作。1997 年 1—3 月日本富士电视台播放的由织田裕二、深津绘里等主演的电视剧，是一部因内容富有革新性而被广大观众接受的刑侦剧。它是日本史上最受欢迎的影视系列之一，上映后曾引发巨大的社会反响。

用玻璃隔墙装饰议会厅，政治的透明度会增加吗？

看得见的议会能拉近政治和市民的距离吗?

至今为止，议会厅都是在厚重的建筑里或者政府机关的顶层，是远离市民的存在，给人会议在黑匣子中进行的印象。这样一来，市民的关注点就远离政治了。

把议会厅用透明的玻璃做隔离，设置在人流量较多的一楼前台区，这样可以让人知道什么时候，在怎样的环境中，谁在推进讨论。看得见的议会无形中缩短了与街道和市民的距离。

议会中，议员也不能随便打瞌睡哦!

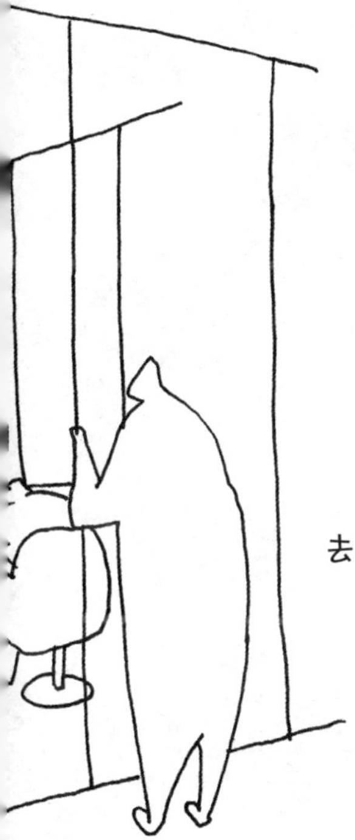

去瞧一瞧情况

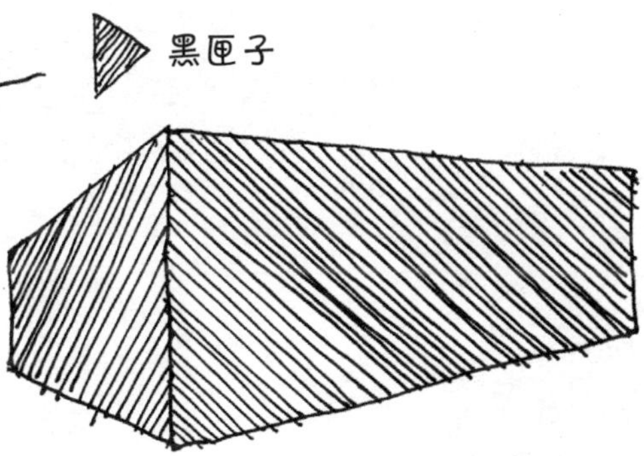

Special
Sandwiches
づくり連絡会議　第7回総会／第12回勉強

透明的市政府和议会厅会改变行政和政治吗?

长冈市政府 /Ao-re 长冈（新潟县）

市政府连接车站、圆形竞技场、大厅和街道

曾经位于街道尽头的长冈市政府，回到了直通长冈站街道的正中央，同时还设有圆形竞技场、市民大厅、议会厅，这些设施都采用玻璃隔墙，从外面可以清楚地看到里面的情况。Ao-re 长冈由隈研吾建筑都市设计事务所设计。

这些零散的功能是以“街道中央”这一半室外的开放空间为中心构成的，中间有厨房车改造的咖啡馆。这里也可以举行室外音乐会，或者作为过道等各种各样的功能。

市政府的建筑就像包围这片土地上的立体拼图。会议厅的外墙采用透明玻璃，会议在完全透明的空间里举行。这也是通过改造空间把议会的情况暴露在路过的市民视线中的方法，营造可以把行政管理和政治向外部开放的信息空间。

持续的行政机构郊外化加速了城市中心的空洞化。在长冈市，政府建筑被定位为市区吸引人流的地标。采访了长冈市民后，发现以车站为中心的人流明显增加了，因为去那里的具体事情增加了。与街道紧密相连的市政府，其功能渗透到了街道上，市民与行政机构、政治的距离自然就近了。空间也许能改变行政管理的现状，在这一点上，长冈市政府迈出了一大步。

开放一楼空间，与街道相连接

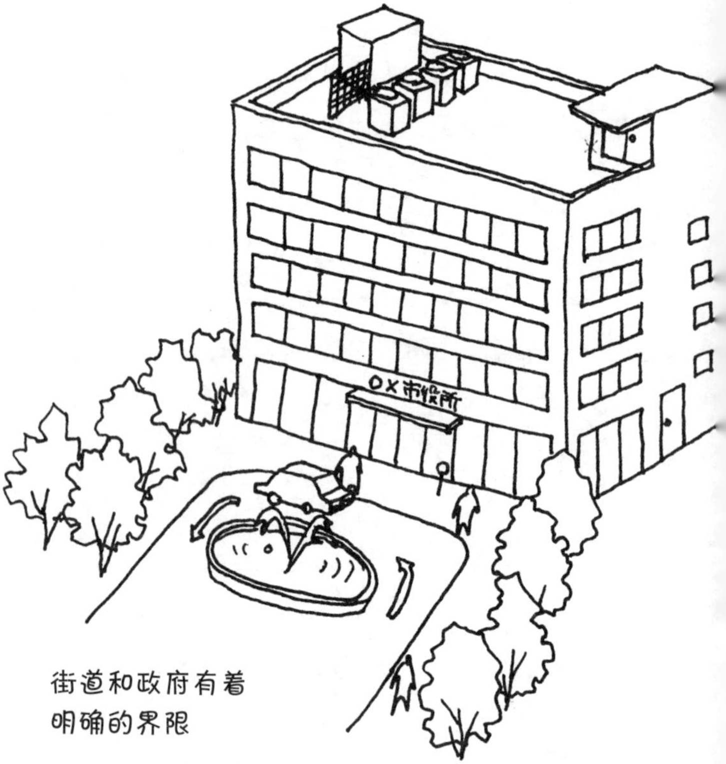

政府机构，从没有事情就不去的地方变成了日常生活的延长空间。

街道和一楼连成一片。街道和公园都融入政府机构中

把政府机构融入日常生活场中

在那里，可以吃便当，也可以午睡。

在那里，可以散布着小摊子和小卖部。

街道和公园与政府一楼融合在了一起。

把食堂放到视线最好的顶层，向市民开放，环境和味道都升级

把市民日常使用的场所设置在政府机关的楼顶

食堂被挤压到地下层，是以前政府机关的状态。行政功能位于上位，扎根于生活中“吃”的行为则沦为末位。但是，对于每天在那里工作和用餐的职员来说，这绝对不是愉快的空间配置。

时代在改变，生活条件富足的日本人开始追求高品质的生活，吃饭不仅仅是为了吃本身，对吃的时间和空间也很重视。因此，政府机关空间也应该反映出这样的生活方式。

通过导入竞争原理，大家都很受益。如果政府的食堂是市民们可以日常使用的餐厅，那么市民和政府的距离也会很近。

先把食堂转移到眺望景色最佳的大楼顶层吧。

同时，餐厅向市民开放可以很好地提高效益，不仅是价格，也可以进行味道和服务的评比，通过市民和职员投票的形式决定食堂的经营方。

3 滨水空间

为什么日本的建筑大多背对着滨水空间建造?

以前的江户和大阪都被称为水都。曾经有过像威尼斯一样水运旺盛、人和物资频繁往来的时代，但现在我们和水的距离很遥远，虽然物理距离很近，但是中间有被称为剃须刀防洪堤的混凝土墙壁，它阻断着两者。战后的治水和土木行政管理的历史让人无法轻易接近和使用滨水空间了。

我们知道那里沉睡着城市的可能性。如何开放日本的滨水空间呢？我们通过各种各样的实验，来探索具体的策略。

トンコーイ
B1
2F

开放滨水空间需要解开社会束缚的设计

日本滨水空间的状况

滨水空间曾经是生产场，既是运输线，也是商业中心。因为是能够产生多种利益的空间，所以理所当然地也滋生了复杂的权利。

滨水空间同时也是长年与水灾作战的场地。河流整改的历史本身也是人类防灾的历史，这催生了日本高超的土木技术。滨水空间已经被整改完善到海拔为零的地带都没有浸水，成为抗灾强劲的城市。但与此相反，被称为剃须刀堤防的混凝土墙壁却隔绝了市民和水。

这样的滨水空间历史使管辖和管理体制变得复杂。河川和港湾的管辖细分到国家、都道府县、市町村，行政管理之间的横向联系也疏远了。水运和滨水空间的使用权等各种各样的既得权，也存在着各种不配合的情况。滨水空间开放的确存在着很多困难。

现在，正是滨水空间开放的时机

但是，这也是改造滨水空间的乐趣所在。

不用说威尼斯和悉尼等例子，人对水生来就有特别的感觉，好的滨水空间与城市的活力、魅力、产业息息相关。

通过漫长的历史积累，解开胶着的状态，不正是设计的作用吗？滨水空间环境到空间设计阶段所需的手续和其他

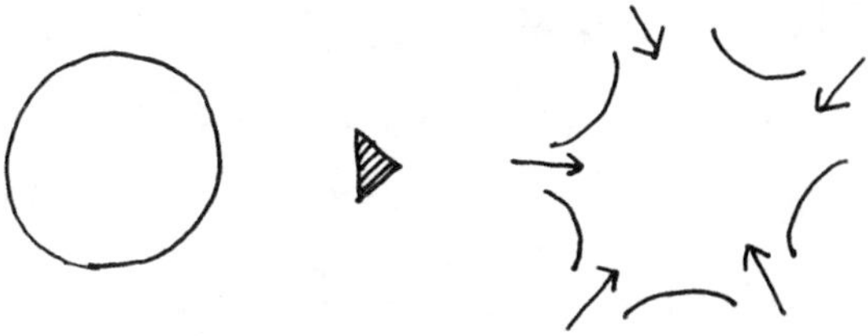

公共空间相比更加复杂。我认为这本身也是设计的一部分，构筑这个顺序和过程有一定的社会意义。首先勾画出美丽的蓝图，并让大家对此产生共鸣，这一共鸣能推动市民、行政部门和资本的运作。顺序反了则不可能实现，所以我们必须对滨水空间提出有魅力的建议，并向社会征求意见。

硬件的整改使滨水空间能够避免来自洪水等的威胁。这样一来，我们又开始向往靠近水的生活。如果说确保安全是前人的责任，那么把滨水空间带到新的使用阶段则是我们这一代人的使命。

近年来，随着限制的放宽，通过社会实验等过程，滨水空间的开放在不断推进。那里是城市里少有的开放空间，大家都知道它隐藏着产生新文化和交流的可能性。

在众多相关人员之间取得一致意见的方法也逐渐成熟起来。利用工会和协议会的协调作用出现了一些阶段性开放的滨水空间地区，大阪、广岛等是其中的先进案例，最近东京也出现了这类特区。河川法放宽，这一使用规定的决定权从国家转到地方自治体，也促进了这个运动。

现在，滨水空间迎来了大改革时期。

京都鸭川的川床是通过怎样的制度复活的?

译注：川床，也叫纳凉床，是指夏季天气炎热的时候，在水面上搭建的木台，可以供人们饮食、欣赏歌剧等。

保护风景画的规则和组织

江户时代开始的京都鸭川的“川床”因治水工程、台风、限制等曾一度消失，但是战后的1951年成立协议会，复活了部分川床景观。这是因为市民的期望而实现风景的案例。这个传统的滨水空间的使用方法以及市民、行政部门和自然的互动，是日本滨水空间开放的范例。

从江户时代开始，鸭川的沿河步道就因观光和集市而十分热闹。据说之后建起的茶馆是现在川床的原型，多的时候，曾有400多个茶馆的川床排列在鸭川两岸。

此后，川床经历着自然和时代的曲折发展。1934年的室户台风和集中暴雨把川床全部冲毁，不过人们通过修复制作出了现在的原型。第二次世界大战时期的1942年，由于灯火管制，川床被禁止使用，但是后来又随着战后复兴而复活。1952年，纳凉床许可基准制定，纳凉床在特定法律的规则中运营起来。现在，从5月开始的夏天的纳凉床营业获得了批准。

京都府为了把鸭川的传统景观作为地区资源利用起来，设定了鸭川纳凉床设置基准，把川床的许可委托给作为任意团体的京都鸭川纳凉协同组织。这个组织总结了河床使用费和设置基准，并调整了河川管理者的行政管理范围。

像这样，取得了传统的景观和风景画的共识，且行政部门也充分理解其益处的案例，就能成为清除阻碍的示范。经过地区、民间和行政部门共享规则的过程，责任被委托给使用方。虽然京都的特殊性也在起作用，但迈开阶段性一步使河床成为可能的鸭川模型，给滨水空间的使用带来了启示。

河岸的自行车和跑步站

为了非日常性的功能而日常使用

在多摩川和荒川*这样的大河岸上，骑自行车和跑步的人越来越多。目前，河边没有供他们休息、喝茶或冲澡的设施。在现有的法律上，在河边建设常设建筑基本是不可能的，因为要考虑洪水等灾害情况。

但是，如果选择好场地，在河岸附近建造像咖啡厅和淋浴室这样的设施也不是没有可能。

让市民在日常生活中对于非常时期能发挥作用的空间和设施有亲近感很重要。一旦发生紧急情况，大的河川岸边能成为紧急物流路线，这也是重新认识其功能和风景魅力的契机。

译注：多摩川和荒川是东京都内两大河的名称。

漂浮在运河上的水上餐厅，是建筑还是船？

WATERLINE（东京都品川）

船？建筑？

向着开放滨水空间迈出的一步

浮在东京天王洲的水上餐厅“WATERLINE”。

游览船里面的餐厅至今还保留着，但平时连接地面，通过栈桥能到访的只有这里。

实现这个水上餐厅经历了各种复杂的手续和流程，这一过程释放了开放滨水空间的信号。

通过法律使水上餐馆成为可能

既是建筑又是船舶的餐厅

位于东京湾天王洲的人气餐厅“WATERLINE”浮在运河上，并通过栈桥与地面连接。滨水空间的光和水声营造出独特的气氛。水上漂浮的餐厅很少见，它是经过了怎样的过程才得以实现的呢？

首先，水上漂浮的建筑最大的问题是：它是船，还是建筑？WATERLINE 两者都是。漂浮在水面上的部分被纳入船舶。但是，固定停泊在同一地点三个月以上的（即使是漂浮在水面上），一般就会被认定是固定在土地上的建筑。

计划用地属于城市规划法中的街道调整区域，不能新建建筑，不过，由于进行了把已有仓库改为餐馆的改造处理，使它可以成为建筑。由于港湾法中规定港湾区域只允许建造与物流相关的设施。但是，2004 年东京都出台了把滨水空间作为旅游资源的“运河复兴”政策，而该地基属于政策的指定区域，所以 WATERLINE 作为特别旅游资源设施被认可了。

在设施许可方面，要求同时满足船舶和建筑两方面的标准。漂浮的船底部分根据船舶标准接受船舶检验，水面上的客席部分则按照建筑基准法接受检验。

分割为相当于建筑基础的船底和相当于上层部分的客席，使其符合船舶和建筑两方面的标准，这里体现了法律的智慧，与“运河复兴”这个限制放宽的框架的关系也很大。

通过验收的思路

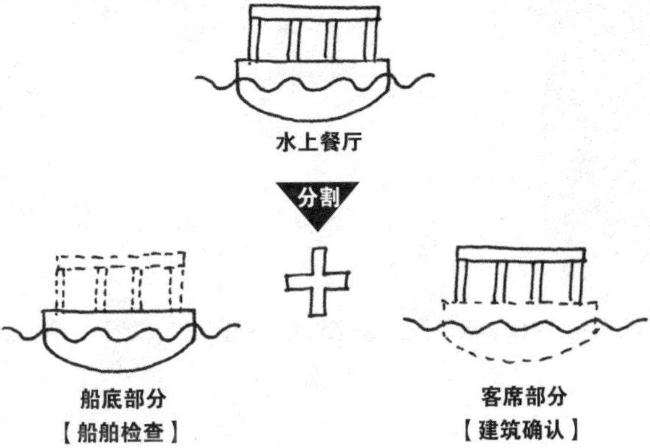

实现水上餐厅的五个关键词

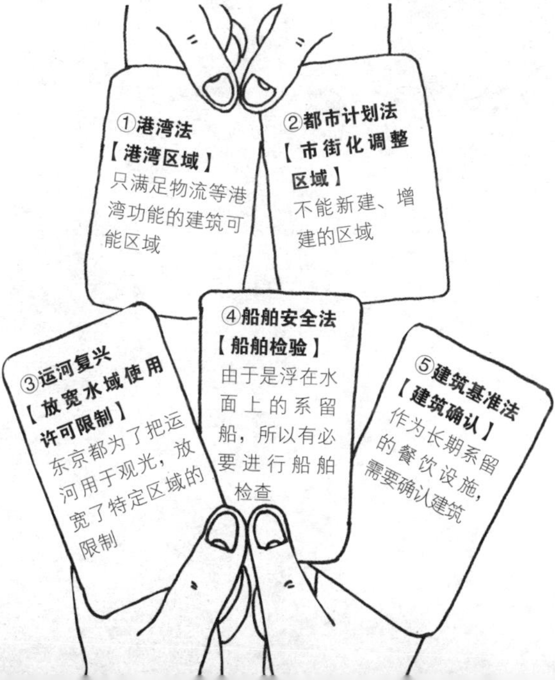

①港湾法
【港湾区域】
只满足物流等港湾功能的建筑可能区域
②都市计划法
【市街化调整区域】
不能新建、增建的区域
③运河复兴
【放宽水域使用许可限制】
东京都为了把运河用于观光，放宽了特定区域的限制
④船舶安全法
【船舶检验】
由于是浮在水面上的系留船，所以有必要进行船舶检查
⑤建筑基准法
【建筑确认】
作为长期系留的餐饮设施，需要确认建筑

试着把滨水空间当作工作场地

THE NATURAL SHOE STORE（东京都胜时）

Open A works

在滨水空间办公，工作方式也不同

在运河和河川的滨水空间里，岸壁虽然是公共的，但与之相接的土地却是私有的。因此，在港湾区域的仓库等处存在着直接连接到岸边的、事实上可以占有的滨水空间。这个仓库就是这种情况。

该仓库由 Open A 设计，改建为生产和销售鞋子的企业的办公室和工厂。如果要改造整个巨大的仓库，其工程费用和运行成本的负担很大。因此，我们决定设计一个玻璃立方体，只集中整顿其内部。空调也只安装在玻璃内部，其余空间就像连接室内和室外的中庭一样处理。在通风处散布着写字台和会议桌，人们可以主动地选择工作场地。这个空间最大的亮点是和岸壁之间的阳台，这里已经成为最受欢迎的会议场地。

我们想通过这个案例提出的，除了仓库的改造方法，还有“工作场地”的设计方法。一般的办公室都是人工的且不与外部接触的大楼。但是，这样的工作环境真的舒适吗？创新自由的构思不应该是在让人心情舒畅的空间才能产生的吗？

美国户外品牌巴塔哥尼亚（Patagonia）的总部位于加利福尼亚的滨水空间，设计师一边感受大自然一边工作的风格影响了手工制作的产品。对于价值创造型企业来说，工作形式本身就体现了企业的价值观。

河川法修改后，滨水空间的可能性扩大了

滨水空间逐渐开放

1997年河川法修改，改变了为了综合地进行河川管理提高自由度的方针。因此，日本的滨水空间使用的可能性进入了新的阶段。

虽然有些复杂，但我想从时间序列上整理一下，看看经历了怎样的过程才得以放宽规定。模糊的同时，我们也可以看到行政人员的辛苦，即在履行既定法律程序的基础上想要做出改变的不易。河川法的修改象征着当今日本行政管理的状况。

首先，1997年河川法被修改，国家启动了开放使用河川的大舵。河川法里的描述是“综合考虑确保人与河川的使用和接触”，不过没有明确具体的内容。1999年河川占地许可准则得以施行，其具体的运用也被制定出来。

根据2005年河川占地许可准则的修改，河川占地以社会实验的形式被许可了，以“社会实验”为名，短期内可以在河川用地建造设施、举办活动等。

2011年河川占地许可准则的再次修改，使特例许可得到认可。通过社会实验，举办面向地方自治体条例制定的实验性活动，由地方自治团体决定由谁负责、做什么、什么内容、允许使用时间等具体内容。根据地方自治体的责任范围来决定许可区域、用途、使用主体、使用许可期间、使用费等。

根据2011年河川用地使用许可准则修改的特例许可，东京都规定的使用许可区域

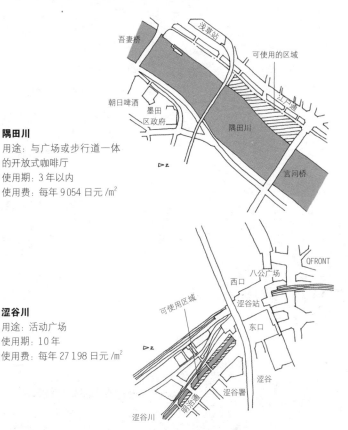

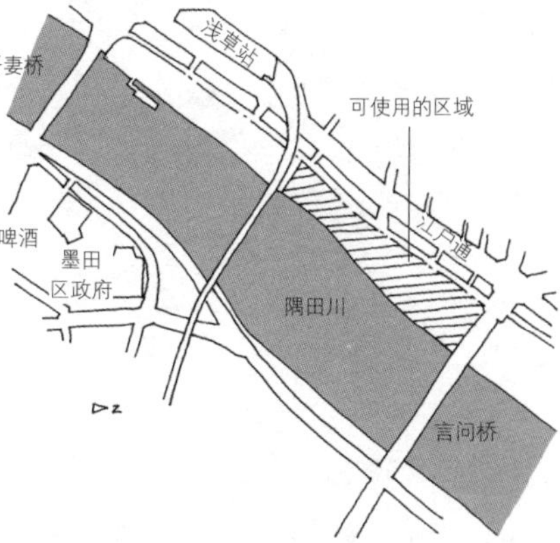

隅田川

用途：与广场或步行道一体的开放式咖啡厅

使用期：3年以内

使用费：每年9054日元/m^2

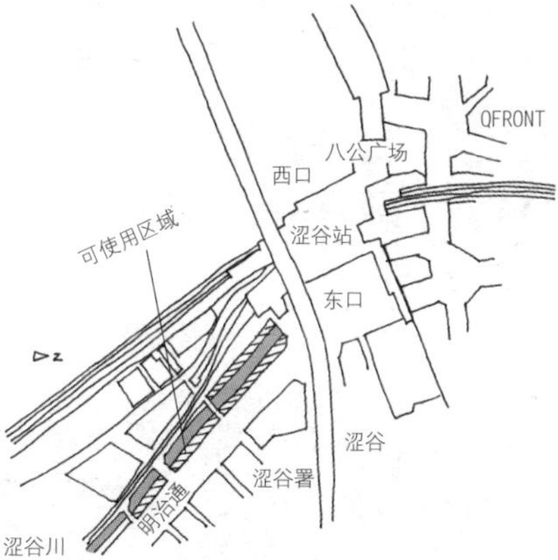

涩谷川

用途：活动广场

使用期：10年

使用费：每年27198日元/m^2

通过使用涩谷区的涩谷川周边空地，我们开始探索新的河川使用可能性。另外，在台东区的隅田川河岸，针对与步行道一体化的开放咖啡厅也发出了使用许可。

期待这样以地方自治体为单位进行的新的放宽实验。

行政部门和企业组队从滨水空间开始活化城市

水都大阪

在水都大阪中之岛的河川上展示的佛罗伦丁·霍夫曼的艺术作品。

从点到面，向城市扩展滨水空间的可能性

“水都大阪”是把已经成为遥远记忆的“水都”大阪重新复活的项目，是大阪市、大阪府等行政部门和经济团体等本地企业组成的横向执行委员会，支持滨水空间项目的政策。

活用水资源丰富的城市特征把水路网络和水面空间潜力加入城市规划。因此，这个摸索着向前推进的项目有了明确的方向，对活化大阪的滨水空间和信息共享起到了很好的作用。

将零散活动收编到如此大规模的滨水空间艺术活动里，一定不能缺少行政部门和企业的支持。

使用放宽了限制的滨水空间吧！

滨水空间有了新的自由

由于放宽了河流的使用限制，滨水空间的可能性马上扩大了。

在地方自治体指定的滨水空间开设咖啡厅和节日用的活动空间等。

一部分城市已经开始了。东京的涩谷区和台东区使用限制放宽迅速产生了新的实践对策。

通过这个制度，在拥有丰富滨水空间的城市也许可以创造出像博多小摊街（屋台街）一样有名的地方，唤起新的生机。

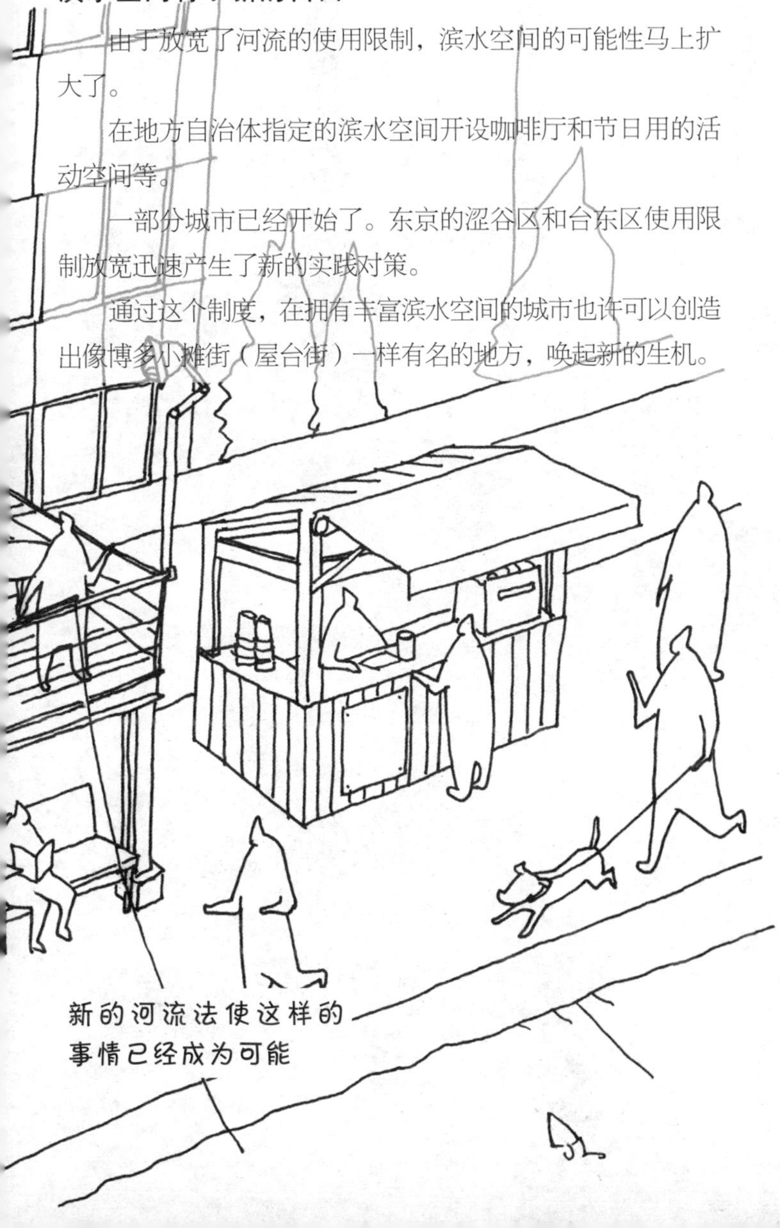

这个阳台是合法的
北滨阳台（大阪市）
通过阳台连接起来
私有财产的建筑物

让社会实验成为可能的、虽然小却有着重大意义的阳台

这张照片上的风景看上去没有什么特别之处，但是它象征着滨水空间的开放。

因为设置在私有地的阳台一直延伸到了属于公共区域的防堤上，即使把这个空间作为营业咖啡厅的一部分，从严格的意义上来说还是违法的。但是作为社会实验的一环，这个用法提出了有效使用私有地和公共河流空间的可能性，并且实现了。如果能得到社会的共识，可以在规定的区域内使更多这样的活动成为可能。

希望这类让人心情愉悦的空间能在城市里不断出现。

公共财产的护岸

北滨阳台的成功模式与实现过程

推动了史无前例的社会实验组织

北滨阳台位于可以眺望大阪中之岛对岸的土佐堀川左岸的北滨地区。

河川法规定，不允许在河川用地设立餐饮等以营利为目的的、经常性使用的设施。北滨阳台的实现是从沿河的大楼和店铺所有者以及 NPO 团体在背向河川的大楼上设立阳台，并开始在墙面上作画开始的。

2007—2008 年，NPO 法人滨水空间城市再生项目、NPO 法人另一个旅行俱乐部等向沿河的大楼所有者和河川管理者提出了可能的实现方案并取得同意。NPO 和所有者的想法一致。大楼所有者和 NPO 团队各自搭建脚手架，探索和验证河川的可能性。通过这样的自发实验，项目得以大幅度推进。

北滨阳台执行委员会的项目主体由店铺所有者、大楼所有者、NPO 等组织组成。2008 年，大阪府、大阪市和经济界正推行名为“水都大阪”的滨水空间活化政策。因此，为了实现该项目，北滨阳台执行委员会和水都大阪 2009 年执行委员会之间达成了合作。项目的实现重要的是建立组织之间合作机制。

据此，经过 2008 年和 2009 年两个年度的社会实验和“水都大阪”2009 年政策的实施，作为河川用地的使用主体，以北滨阳台执行委员会的成员为中心的任意团体“北滨滨水空间协议会”成立，并持续到现在。

从北滨阳台这个项目我们可以学习作为执行者角色的大楼所有者和店铺所有者、作为支持者角色的 NPO、作为管理者角色的行政部门，这四者结合在一起的过程和组织建立的方法。这个项目开始以后，该地区新增了不少店铺，并逐渐成长为大阪的新景点之一。

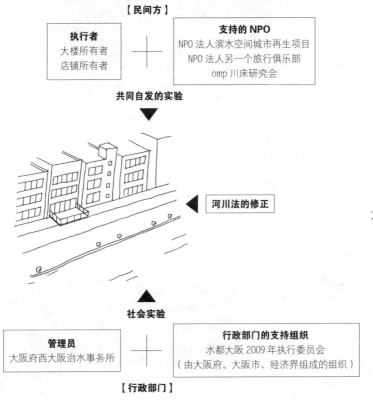

【民间方】

执行者
大楼所有者
店铺所有者

＋

支持的 NPO
NPO 法人滨水空间城市再生项目
NPO 法人另一个旅行俱乐部
omp 川床研究会

共同自发的实验

▼

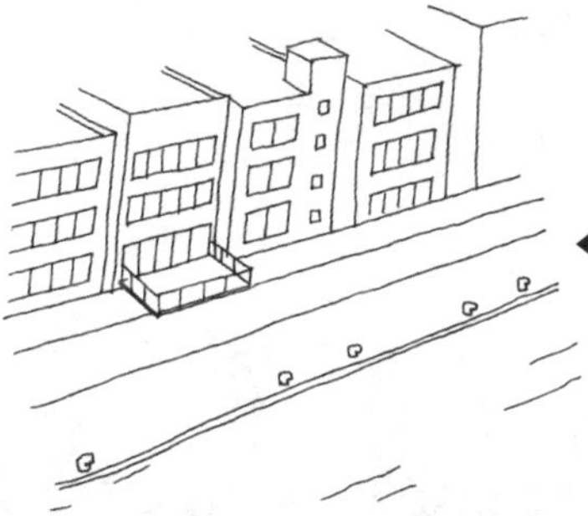

◀ **河川法的修正**

▲

社会实验

管理员
大阪府西大阪治水事务所

＋

行政部门的支持组织
水都大阪 2009 年执行委员会
（由大阪府、大阪市、经济界组成的组织）

【行政部门】

OKI

不能自由使用滨水空间的原因是什么？

BOAT PEOPLE Association

BOAT PEOPLE，开放滨水空间的尝试

BOAT PEOPLE，全称 BOAT PEOPLE Association，是 2004 年由来自艺术、建筑、城市规划、地区交流等领域的成员组成的小组。现在的成员有井出玄一、岩本唯史、山崎博史、墨屋宏明、山口雄司共五人。活动的主题是为城市创造新的“水上经验”。

团队的形成可以追溯到 2000—2001 年井出玄一和朋友在芝浦运河经营的水上酒吧“L.O.B.”。由非法系留的游艇改装后的酒吧充满了地下活动的感觉。现在，他们已经不能继续使用这个非法占领的地方，但是他们敢于对不允许自由使用“滨水空间”的问题进行质疑。

他们的活动让滨水空间存在的可能性和困难同时显现。介入越深入，使用滨水空间和水上空间就显得越困难，滨水空间开放无法推进的理由也就越明确。被复杂化的管理者、被束缚的法律、不可理解的既得权……BOAT PEOPLE 的活动历史就像城市中不可触及的、深刻的故事一样。

他们的尝试是通过各种方法来创造让人们接触城市水空间的机会，并与更多的人共享的可能性，这既是艺术和建筑的问题，也是鼓励当地人参与研讨会、提高防灾意识的训练。在这种试错中，我们可以看到开放滨水空间的具体思路。

BOAT PEOPLE 发起挑战改造滨水空间的始末

通过 LIFE ON BOARD 注意到的东西

在市中心提出新的水上活动“LIFE ON BOARD”，通过活动可以看到，原本因城市空白地带而变得僵硬的空间，其实被看不见的限制紧紧地束缚着。

初遇滨水空间

• **运河 · 漂流地图**

2004 年，把品川区和港区的滨水空间作为对象的地图制作。活动通过为接触滨水空间机会较少的人提供制作地图的机会，建立具体的亲切感，试图把参与者变成开放滨水空间的“同谋”。

滨水空间的经验

• **日常的河川漂流 E- Boating Party**

河流和港湾的通行不需要特别的许可，只要有简单的船舶执照就行，没有引擎的话甚至连执照都不需要，就像在道路上来往行走的感觉。也许你会感到很意外，城市的水面空间是自由的，但是供船只上下的地方却不自由的。

我们在心理上和水的距离很远，很少有机会在城市的河道里划船。直到现在，水路都是重要的交通工具，河岸是贸易中心。我们可以更自由、更轻松地往返于城市的水面空间。为了让大家体验这一点，我们举办了围绕运河的 E-Boating Party 活动。

与滨水空间的相遇

• **伦敦泰晤士河的水上生活者**

你知道在流经伦敦中心的泰晤士河上有水上生活者吗？他们并不是在做漂流活动，而是遵循正式的行政手续合法地过着水上生活。这个水上社区据点被称为“隐士社区码头”(Hermitage community)。

实现这一目标的是以伦敦艺术大学教授克里斯·文莱特为中心的建筑师和律师等专业人士。克里斯说，如果没有他们的专业知识、谈判能力以及水上生活者们的强烈愿望，这个活动恐怕无法实现。

码头配备了供水和供电等城市基础设施，同时船舶也可以分离出航。这是实现水上自由和城市生活的实践。

• **广岛滨水空间没有栏杆的原因**

在广岛可以看到城市和滨水之间没有设置栏杆。很多城市为了安全都会在滨水空间的边界上设置栏杆，但是由于“雁木”这个广岛自古就有的文化背景，市民认为不需要栏杆。这是让滨水空间得以活化的广岛文化。

来自滨水空间的信息

• **横滨 Triennale 2005**

横滨 Triennale 2005 作为 L.O.B13 号改装游艇参展的作品。作品展示包括购买船只的过程、乘坐样船移动的场景以及建造塑料大顶棚的过程。

• **防灾 + 船 + 艺术“BO 菜”**

这是把游艇活用到防灾船的构思，项目不仅考虑了灾难的非常时期，也考虑了日常有效使用。

2010 年，作为东京艺术点计划活动实施的“BO 菜”项目，把在东京湾对岸收获的蔬菜和海鲜装到游艇上运到东京市区销售。这是一个通过让参加者体验野外郊游，让平时不熟悉滨水空间的东京人一边享受滨水环境，一边提高防灾意识的活动。

改造屋形船

与拥有屋形船的公司合作

现在，屋形船主要用作餐饮，如果扩大它的功能会怎样呢？譬如，将其用作俱乐部、酒吧、办公室、宾馆等，据说，现在很难得到新的屋形船运营资质了。

这样可以和拥有屋形船运行权的公司、工会合作共同改造屋形船，寻找新的使用方法。但是，屋形船的用途变更手续该怎么办理呢？

※ 屋形船运行条件

海上运输法上规定，屋形船的运行为不定期航线船。根据农林水产省告示的游渔船业合理化的相关法律，和钓鱼船一样，屋形船需要进行游渔船注册。

另外，在什么航线航行需要得到各地运输局的许可。总之，登记和航行的许可需要在各自不同的行政窗口办理，因为停泊的场地和乘坐空间有限，要重新设立比较困难。

4 学校

怎样使用因少子化而剩余的学校?

怎样使用因少子化而剩余的学校?

教室、游泳池、体育馆、运动场……这些大家都经历过的空间，对于地区来说是重要的资产。

现在，由于少子化的事实，很多学校都停办了，目前有关人员正在摸索闲置校舍的有效利用方案。

学校不仅是地区的中心，也是充满回忆的地方。如何在继承的同时去使用它们?

学校应该有新的使命。

排除阻碍，让学校发挥新功能

持续活用地区记忆的地方

学校对地区来说是个特别的地方，那里是社区中心，也是人们充满回忆的地方。正因为如此，学校的建筑不能因为校舍废弃而毁坏，而是应该继承，让它成为适应时代的新事物。

文部科学省 2011 年数据显示，日本每年大约有 500 所学校停课，这个数字今后还会继续增加。不仅仅是废弃校舍，现有的学校也因为设施的老化和学生数的减少不得不进行空间重组。如果学校结构老化，就需要加固结构；如果由于学生数减少导致空间剩余，就必须重新评估校舍的使用方法。如何改造学校，对之后的社区文化有很大的影响。

活用富有魅力的空间资产

学校里沉睡着富有魅力的空间素材，如游泳池、体育馆和运动场，要重新整改这样大面积的空间是很困难的。虽然有维持管理成本的障碍，但我们希望通过学校的再生让这个资产的魅力最大化。学校再生的重点是如何构筑运营体制。运营管理大体量空间需要人力和资金，用什么方式来填补呢？此时，空间经营就不可或缺了。

目前的空间经营还不成熟，今后需要构筑新的经营和组织形态。通过基金和小规模 PPP（官民联合，公共・私人・伙伴关系）等模式介入，这与学校的活化息息相关。

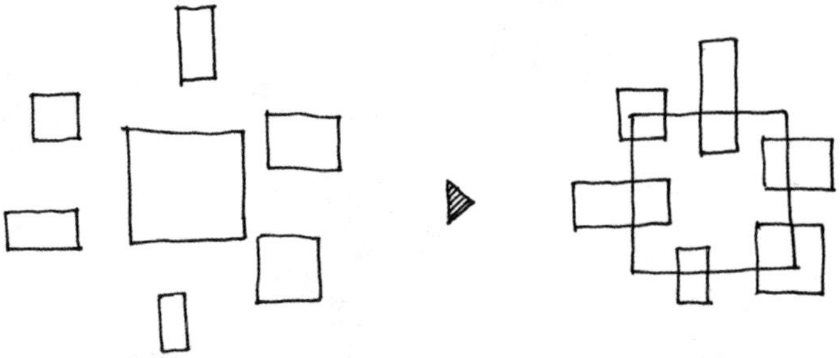

如何平衡公益性和营利性

另外，学校再生存在着制度性的问题，如设施相对较新的学校停办了，其中一部分设施还没有结束折旧时间；使用公债建学校的情况较多，存在用途变更的问题。这个只能通过行政放宽限制来解决。

也有人认为民间资本应该放在公共性高的学校空间里，让特定的企业来管理运营地区的公共财产比较好。公益性和营利性平衡的问题总是难以理清。

这种争议正是本书想探讨的问题的本质。学校这个地区的宝贵资产不加以管理的话就会变成废墟，只有让能够承担适当风险的同时能获得适当回报的民间资本参与进来，地区才可能得以活化。立足社会的企业和行政部门以及连接市民的组织共同运营学校空间，我们才可以看到新的公共空间的可能。

NO PARKING ANYTIME
THE INSTITUTE FOR CONTEMPORARY ART
Now on
That Was Then...
Olafur Eliasson

改变纽约艺术和地区的校舍改造

P.S.1（纽约）

废弃学校再生给寂静的地区带来生机

P.S.1 位于纽约东河对面，曾经是一个非常寂静的地方。但是正是这里，作为废弃学校再利用的先锋给世界带来了很大的影响。

探访因带孩子来玩的家庭和情侣而热闹起来的 P.S.1，我们可以清楚地知道，现代美术是如何被这个城市的人们广泛接受的。这个地方从开放花了 30 多年的时间成为受当地人喜欢的存在。花旗银行总部和纽约近代美术馆等代表美国的企业和文化设施都被吸引到了这一地区，P.S.1 彰显着强大的吸引力。

穿过曾经是校园的广场，走到了由废弃校舍 Public School1（第一小学）改造的画廊。这个广场上，每年夏天都会有年轻建筑师的灵感登场。画廊使用学校空间原有的结构，清冷的氛围和宽敞的空间激发着年轻艺术家。即使艺术家们在墙壁和地板上挖洞、泼油漆也不会有人抱怨。设施内还有 Artist in residence 的艺术家工作室，很多年轻艺术家从这里走出来。P.S.1 项目展示了废弃校舍改造为现代美术画廊和工作室的适合性，这个项目正在向世界推广，曾经是学校的背景激发了艺术家们的创造力。学校再生创造了艺术场景和街区重生，它是一个里程碑式的经典案例。

因少子化而空出的教室该怎么利用？

手续放宽了，废弃校舍也方便转用

你知道“空置教室”这个词吗？

它是指随着少子化，学生数量减少而空余的教室。今后，空置教室增加，有效的利用方法也将成为新的课题。空置不管对于教育环境来说是不理想的。

同时，学校是每个年代的人都拥有回忆的地方，有着其他设施没有的特别价值。正因为这样的背景，学校更容易把毕业了的市民聚集起来，因为人会对曾经使用过的空间有留恋感。

于是，开始有了把空置教室向地区开放的趋势。像公立学校那样用补助金建造的设施，如果转换到学校教育以外的用途，至今为止都存在着很高的制度壁垒。如果不把建设补助金的一部分归还给国家，就不能改变建筑的用途。

现在，弹性制度让不可能变成了可能。满足一定的条件，就不需要缴纳补助金，只要提交报告就能办理手续。

学校空间部分开放后，还将探索出各种各样的可能性。

什么是空置教室?

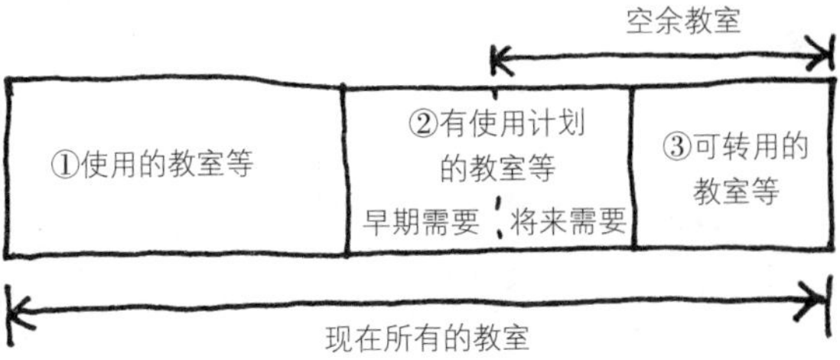

学校的转用手续

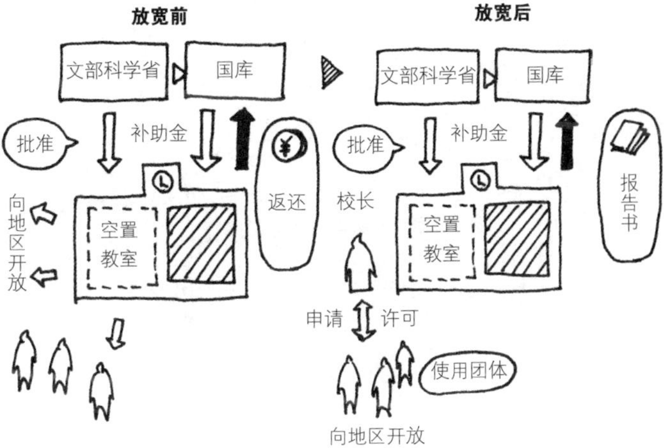

活用学校需要预先知道的两个关键词

财产处理手续
交付目的以外的使用、拆除（财产处理）由补助金等建成的资产需要取得文部科学省的批准后，向国家缴纳国库补助金
空置教室
指的是学校全部教室中预计将来会一直空置的教室和将来需要但现在不使用的教室

完全开放学校的空置区域，以新的形式保护孩子

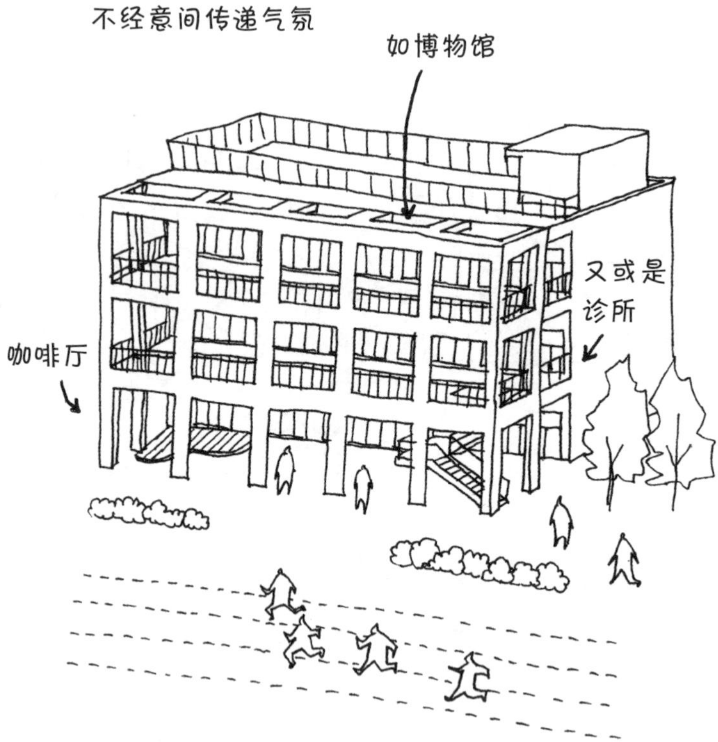

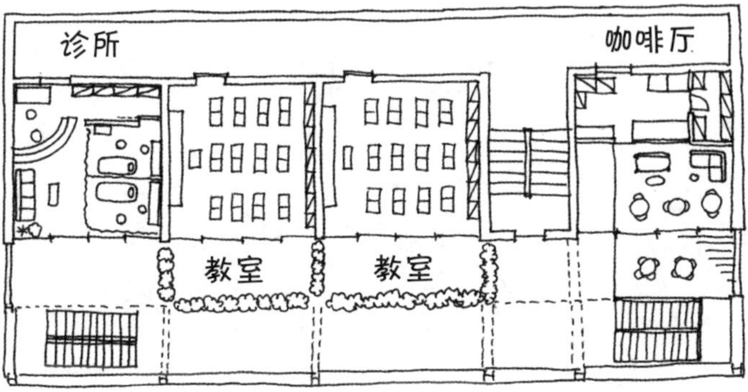

增强抗震，形成新的动线

不仅是孩子，大人也可以进入的学校

随着少子化的加深，空置教室也增加了，空置对教育有不好的影响。因此，可以试着把空置教室作为地区活动场地开放。譬如，在课堂授课的附近开设小型市民美术馆，举办研讨会等。看到身边大人们努力做事的身影，孩子们也会受到很好的激励。

把学校改造成办公室

在游泳池边开会……

游泳池和体育馆增加了附加价值

体育馆和游泳池是容易引起学生时代回忆的、不可替代的空间，而且是除了学校这种建筑类型以外不存在的大型空间。因此，和校舍一样，游泳池也可以作为办公空间出租，所有工作者负责打扫卫生、共同分担水费等，还可以在运营系统上不断探索。

重新制定规则，让闲置的游泳池和体育馆都复兴。如果赋予这样的附加价值，改造后的学校也会成为受欢迎的工作空间。

与邻近的公园相连，向街道开放的中学

艺术千代田 3331（东京都神田）

硬件要大方，运营要细致

位于秋叶原附近的“艺术千代田 3331”，是通过改造练成中学的校舍，并把隔壁公园连接起来组成的空间。作为地区的新艺术中心，艺术千代田 3331 于 2010 年开放。

以持续性举办有话题的艺术展为中心，面朝公园一侧的一楼设有咖啡厅和活动空间，二楼和三楼则有艺术家和设计师的工作室、风投企业等丰富的组织入驻。

这个宽敞的楼梯连接学校和公园

在公园举行和 3331 合作的活动或地区活动等

我们需要了解从开始改造到方案实现的具体过程和运营管理形式。那么，通过艺术家打造的艺术家和市民共用的设施，是如何在这个街区实现的呢?

艺术家的、艺术家创作的、艺术家和市民的空间运营

艺术千代田 3331 是使用旧千代田区立练成中学校舍建成的艺术中心

地下一层、地上三层的建筑物中有画廊、办公室、咖啡厅等入驻。

设施的改造和运营由千代田区进行公开招标选定的运营团体—— Command A 有限责任公司负责。 Command A 向千代田区租下整个学校，再分租给租户，同时自主运营画廊和其他活动空间。这是把空置的学校建筑设施运营完全委托给民间的案例，合同期限为五年。

Command A 以艺术家中村政人为中心，从 1998 年开始持续以艺术家组织 Command N 为主体，由建筑、城市规划师清水义次参与管理。由艺术家自主营运是这个项目的特点。

现在，Command N 已经一般社团法人化，还在持续追求新的艺术表现。另外，Command A 作为有限责任公司负责项目管理，通过角色分担，使艺术表现和运营两不误，进而维持活动的正常进行。

同时，以该设施为中心，周边开始聚集富有创造力的艺术人士。学校的创新，正在改变艺术的场景和地区的风景。

艺术千代田 3331 的运营模式

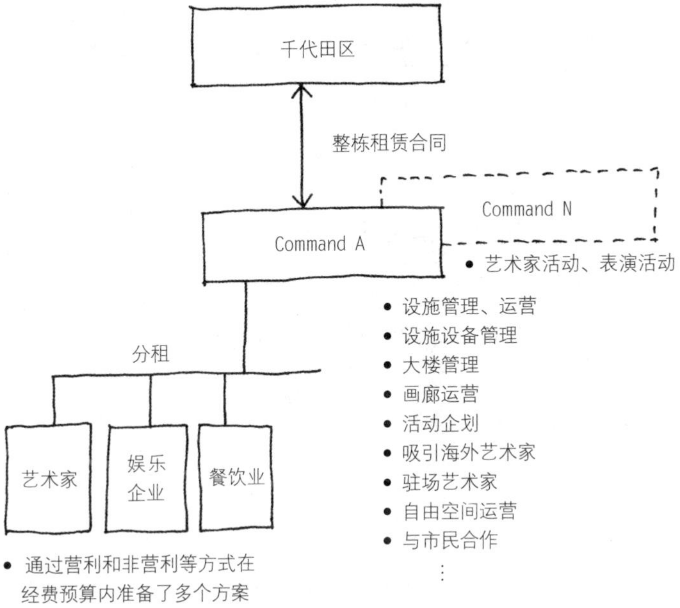

INTERVIEW

嘉宾：清水义次
对谈：马场正尊

把以艺术和设计为核心的设施变成自主运营的组织和体系的方法

“艺术千代田 3331”是把中学和相邻公园连接起来的改造项目。该地区开设了新的艺术中心，从 2010 年开业到 2012 年三年内吸引了 174 万次参观者。

这个项目的成功不仅仅是因为在那里进行的艺术活动，还有维持运营的管理模式。

不依靠资助，还要保证表达的独立和自由，维持活动进行的环境、制度以及运营模式都是不可或缺的。没有良好的管理，艺术和设计都无法成立。

从制定企划案开始，我们向现在运营这个空间的 Command A 代表清水义次了解了一些关于运营艺术空间的、不为人知的幕后故事和在这之前经历的曲折过程。

将废弃校舍作为艺术活动中心项目的开始

——清水先生是如何参与艺术千代田 3331 管理的？

寻求活动内容和经济效益的平衡

艺术千代田 3331 是利用废弃校舍改造的艺术中心。

千代田区举办了方案大赛，项目需要把练成公园和旧练成中学通过一个大台阶连接起来，建成一个舒展、开阔的公共空间。

2010 年 6 月，全馆开放，艺术爱好者、商务人士、推着婴儿车的年轻妈妈等形形色色的游客前来参观，成了这个馆的一大特点。美术展、舞蹈和戏剧演出、研讨会、社区艺术活动、料理制作活动等，所有种类的艺术活动及社区活动在这个空间落地生根。

练成学校于 2005 年关闭，正好是我和马场先生在神田和日本桥开始 CET（Central East Tokyo）活动的时候。千代田区成立了研究“千代田艺术广场构想”有识者委员会，多次讨论如何把废弃校舍作为艺术活动中心的方案。之后，为了实现 2007—2008 年“千代田艺术广场构想”，又举行了项目提案竞赛（公开），大约有 30 家公司参加。

竞赛要求参赛者制定以艺术为主体的活动内容、设施使用方法以及包括每年房租预算在内的方案。评选委员对活动内容和经济效益进行综合评价，并决定名次。

为了应征这个艺术展，东京艺术大学的中村政人先生来找我商量。他率领 Command N 这个艺术 NPO（后来成为一般社团法人），以秋叶原为基地，多年持续举办了“秋叶原 TV”“sukima”（间隙）等艺术项目，对这个地区很熟悉。

中村先生对我说：“我们和清水先生一起做吧。虽然我和清水既有想做的艺术活动，也有关系网络，但是我们俩对项目运营完全不了解，希望你能帮助我们。制作提案书和演讲由我们负责，在面试中被问到项目计划和运营的时候能不能由你来回答？”我信任中村，我俩志向相同，所以我接受了。

艺术活动部分的汇报由中村先生进行，他侃侃而谈。这时，评审委员纷纷提出“运营要怎么做呢”“运营需要准备多少经费”等运营上的问题，我以自己的项目经验为基础进行了即兴回答，主要讲了四个要点：

· 因为合同期限为五年，所以只能进行可回收的投资。
· 资本金在 3 000 万日元左右比较合适。
· 如何通过创新来控制初期的投资费用是项目成功的关键。
· 需要兼顾建立经营和艺术活动，并向地区开放的制度。

汇报后，我们的提案被一举选中，这个项目得以实施。

建立运营主体公司获得资本金

合同签订后，千代田区提出：“请详细说明竞赛中提到的 3 000 万日元资金的来源。”所以，中村先生和我立即以各种方法筹集资金，再加上从银行贷款的 1 500 万日元，最后以 4 500 万日元的资金开始了这个项目。

作为活动的运营组织，我们成立了以艺术活动为主体的一般社团法人 Command N，为了新项目的经营和设施的运营，又成立了名为 Command A 的 LLC（有限责任公司）*，并以此作为经营主体。

选择 LLC 而不是 NPO 或股份公司是有原因的。不知从何时起，社会上开始有了关于 NPO 的各种奇怪的言论。大多数的 NPO 都是健康的，但有时也会有一些组织用 NPO 的名头来做一些不好的事情。股份有限公司也可以，但是股份有限公司进行艺术活动存在一些违和感，所以我们选择了 LLC，但是实际上和股份有限公司没有太大的区别。我想让中村先生当社长，但他是国立大学的老师，制度上他不能担任株式会社的社长。结果我成了Command A 的代表。

* 有限责任公司（limited liability company）：指在公司法规定的持股公司中，由有限责任的职员（出资方）组成的合同公司。对外与股份公司的模式一样，对内则是类似民法上工会的公司。其由拥有专业知识和经验的少数投资人组成，所有人都可以参与经营。

艺术家兼顾艺术活动和设施运营的模式

——能介绍一下 Command A 和 Command N 所分担的作用吗？

要充分利用现有资源需要可靠的内容和管理

艺术千代田 3331 管理组织的员工大部分是来自 Command N，即艺术家。到现在为止的数十年里，他们一边作为艺术家活动，一边工作赚钱，而且一起做 Command N 活动的人都转会到 Command A，负责设施运营。

如何划分 Command N 的艺术活动和 Command A 的管理活动就变得相当重要。当然，会计是完全分离的。

Command A 采取和英国街道建设公司相同的形式，在这一点上，我们参考了西山康雄老师的著作《英国的治理型城市建设》（学艺出版社）。

通过市民团体把闲置的公共资产很好地管理运营起来，并从中产生利润，再把资本还原到活动中来。以艺术千代田 3331 为例，我认为应该把钱投入到企划展等艺术、文化、社区活动中。

简单地说，艺术千代田 3331 的运营模式，首先是向千代田区支付房租。虽然最初一年很便宜，但第二年开始就需要支付相当高昂的金额，然后我们根据房地产管理和运营能力来提高收益，并把其转化为不同的活动。

但是，这是有限制的。根据各租户经营内容的不同，有收益较高的租户和难以产生收益的租户。我们把以盈利为主的企业活动的组织和不产生收益的文化艺术活动的团体混在一起，因为无论偏向哪边都不能作为独立的设施而成立。因此，把活动的性质分成三类来设定房租：

一类：以文化艺术活动为中心的几乎没有收益的组织；

二类：从事艺术、设计、文化相关的艺术活动，并通过某种营业活动获得收益；

三类：经营普通企业活动的组织。

根据这个分类，在和千代田区协商后确定了三个阶段的房租。

在确定入驻者的时候，会和组织负责人进行正式的面试。最后，我把有关组织和活动的资料全部提交给了千代田区。虽然审查很严格，但是因为使用的是公共财产，所以也会觉得理所当然。

学校、公园等公共设施过剩时，在这些设施中加入新的理念，给社会带来具有冲击力的内容，现在变得非常重要。这时，不依赖税金，灵活利用民间组织，活用持续闲置的公共设施，举办对地区有益的活动变得很必要。设施管理及运营的人工费用（包括正式员工、兼职员工约 25 人）、水电费、清洁费、水槽检查和空调故障等设备维护费用很高。由于艺术家和设计师们几乎每天工作 24 小时，所以其水电费等支出也和普通设施不同。

闲置设施在规划运营的同时，兼具创造收益，充分履行发挥好其本来的公共服务功能。虽说是民间经营，但项目不单纯是为了赚钱，而是需要投入资金创造新的艺术文化活动。打好商业基础，才能安心开展艺术文化活动。为了能够灵活地运用资金，扎实的内容和扎实的管理两个方面都很重要。

让艺术家创作作品的同时能确保生存的公司

如何构筑一套适合 Command A 工作人员的管理体制非常困

难。因为是以艺术家为主的团体，大多数人不习惯时间管理和金钱管理，而且很多是不擅长团队合作的人。虽然这些是很有趣、很厉害的人，但是上班族能做的普通事，他们却做不来。

因此中村特别意识到，应该建立一个好的合作方式，不是让艺术家们做志愿者，而是可以一边工作一边创作。以艺术活动为目的的 Command N 也可以以志愿者的形式做一些事情。但是，Command A 改变了组织的理念，创作了以保障艺术家生存为前提的雇佣模式，这是基于一般公司的经营模式。

画画的人、拍照的人、制作玩偶的人、表演的人，各种各样的艺术家都聚集在中村先生的身边。

我一直对艺术家们说："你们活跃在艺术活动的同时，还要学习管理。只有这样，艺术家才有机会发挥自我价值。""艺术家需要身兼数职，这才是未来的艺术家。"我想借此机会告诉大家，现在已经不是单纯以成为艺术家为目标的时代了，做艺术家的同时还要学会做能赚钱的工作。在艺术千代田 3331 这个空间可以体验到很多这样的事情。

通过扎实的经营，项目第一年就实现盈利了。那时候，千代田区要求提高房租。于是我说："请再等等，这话本该是由社长说的，但是 Command A 的员工工资是千代田区政府职员工资的一半以下。比起房租，我们首先应提高人员收入。"我说服了各区政府。房租当然会在能够承担的范围内支付，所以我每年都认真报告收支情况，并在力所能及的范围支付租金。

共享信息的各种办法

项目一旦开始运营就会遇到了各种麻烦，开会时间不见人来，会议桌上没有准备好资料，人员之间互相联系不上。中村先生也感到为难，跟我说："清水先生，请一定想办法解决这些问题。"

因此，我开始着手解决日程管理和信息共享问题。我是按照原始的做法进行的，在办公室的墙上贴出了甘特图（工程管理表），制作了一张无论从哪个角度都能看见的大表格，表中列出未来两年的全部日程计划，共享工作信息。

接着着手进行组织图的制作。职员们负责的工作内容已经确定了，但是大家对组织的概念几乎没有认知，所以让他们自己重新制作了组织图。因为想做的事情堆积如山，组织图形化之后，兼职就变得非常多，我们把这些工作可视化了。

把日程和组织可视化以便于大家共享，尽管如此，一开始还是很难促进彼此的沟通交流。

——在经营这种另类的艺术空间时，需要哪些技能和角色？

首先，最重要的是综合指导，即对内容品质进行检验的人，艺术千代田 3331 是中村政人先生负责的。这个人的鉴赏水平很重要，必须能够判断是否可以自带企划进行、自主企划要怎样进行等。艺术千代田 3331 是一个另类艺术空间，表达的范围很广。主基调不交给多人负责，而是统一由一个人负责。

其次是策展人。对主画廊的企划进行协调非常重要，因为能够制定计划，并与艺术家交流的人不多。如果中村先生开始做这部分工作的话，活动就会受到限制。策展人必须是一个能捧着艺术家，又能进行敲打，同时能够很好地协调的人才能胜任。纯粹的艺术家是做不到的。

再次，是连接外部的人，类似“协调员 / 推动者”。画廊不仅仅举办自主规划的项目，作为外部企划展示的场地还可以收取场地费用。因此，需要和引入项目的人员进行交流，并能够制作计划的人。这个角色需要应对各种情况。

最后，是所谓的“不动产设施管理者”。其可以负责租赁工作，维护总体建筑和建筑的使用情况。

还有宣传人员，即在网上发布信息和制作宣传册等各种内容的负责人，负责包括海外宣传在内的大量的信息宣传。

另外，需要布展人员。类似于创意工匠这样的角色，可以创造出体验感良好的空间。搭建既便宜又便捷的展场非常重要，艺术千代田 3331 有许多这样的人才，所以具有很大的优势。

外人使用该空间时还需要辅助人员，如租用椅子、桌子、屏幕、投影仪、音频设备等的空间租赁负责人员。此外，由于有艺术学校业务，因此这里也有学校负责人员。

还有行政事务负责人，负责行政部门和近邻的对应事项，因为地区的事情是很重要的。

艺术千代田 3331 漫画艺术工作者之一的藤浩志组织的“青蛙义卖会”在孩子们中很受欢迎

Command A 工作人员的会议场景

艺术千代田 3331 有很多外国人出入，我们也设置了一个“英语窗口”。因为有驻场艺术家等，所以如果没有这个职能，就不能流畅地交流，而且今后与海外的沟通应该会越来越多。

然后是接待人员。画廊运营的接待是准确地引导非特定参观者的综合窗口。

最重要的是会计。财务不牢固的话，经营一转眼就会变得乱七八糟。艺术家大多对金钱不太在意，半年前结束的活动的收入一直放在口袋里的情况也不稀奇。因此，需要能时而大大咧咧，时而严厉地应对这种状况的人担任这个角色。

这里每年举办 400 多场活动，之所以能够成功，是因为背后有着这些分工合作的支持。

但是，为了让大家不只做幕后管理这样的工作，我们要求工作人员三年内举办一次个人展，这是确保他们作为艺术家的坚持。这样的管理工作是为了维持艺术家的活动而进行的，不能本末倒置。

类似“某某人忽视了工作，只专注于自己的创作”这样的抱怨时常会出现，但也有人会说“不要这么说，因为我们自己也有忙于创作的时候”。艺术家们开始着手创作时，表情就完全不同了，非常不可思议。

——坦率地问一句，经营情况怎么样？

艺术创作和维持经营

会计负责人总是小心翼翼地说：“这样下去现金就不够了。”比如说，文部科学省会对某一个活动给予支持，但是收款是在活动结束之后。填补期间时间差的资金运作是非常不容易的。

为了让艺术家们能够安心地进行活动，需要好好地经营基础日常。我从一开始就说过：“我不知道我能否担任社长一职，但

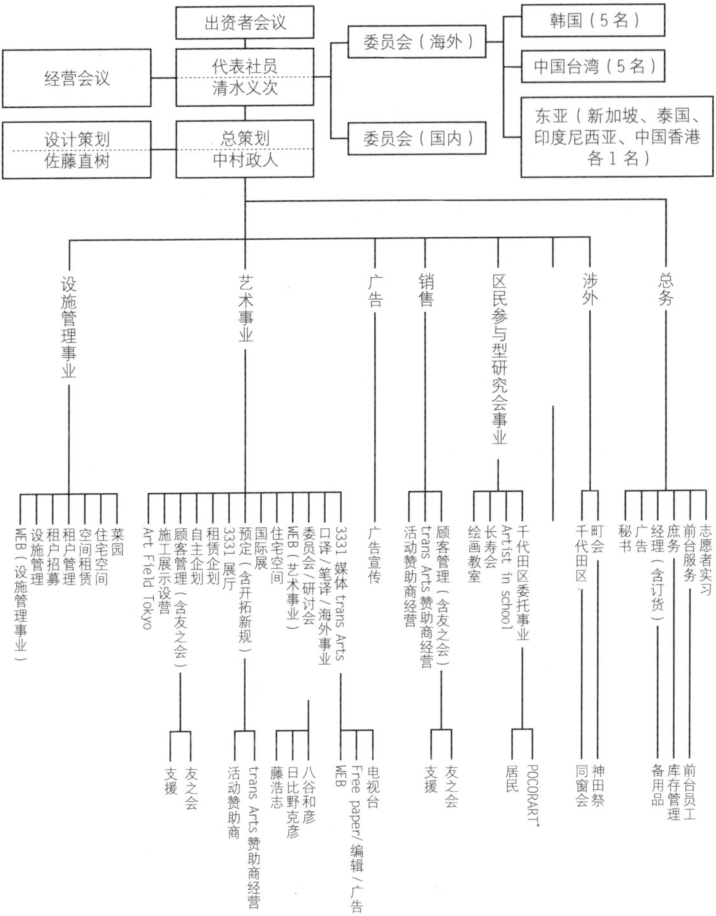

译注：Pocolato（POCORART），即 Place of Core+Relation ART，指的是“不管有无障碍，人们都会相遇、互相影响的场所”，是表示创造那个“场所”的行为，指不接受专业美术教育的人们自由、自发的表现。POCORART 是由千代田区和艺术千代田 3331 共同主办的艺术项目，和艺术千代田 3331 同时启动，在业内影响力很大。

我的目标是建立一个扎实的管理层。同时，我有时候也会比较严厉。”

我们会和会计人员讨论预算计划、年度现金流并进行调整。在过去的三年中，包括中村先生在内，很多人的技能都得到了提高。他们一旦学会了就会变得厉害，因为他们本身的能力很强，一段时间后就可以独立出来自己做。

只在公共与私人相连的空间里才可能发生的事情

艺术千代田 3331 从 2012 年左右开始积极地做社区艺术，我们组织去老人会*剪纸的活动得到好评，还和小学一起做企划活动。把设施定位为前卫艺术中心来发展的话会脱离地区，所以我们也开始了与地区和居民保持黏性的活动，这也是这个设施的任务和职责之一。

我们在尝试着做的非常不错的事情之一，是把公园和学校连接起来。这是具有象征意义的改造，因为它把公共空间和民间管理的私人空间连接起来，形成了一个没有界限的、完美的公共空间。

我把店铺叫作“民间型公共设施”。因为稍加思考就知道，店铺的所有者是民间的不动产居多，运营也是民间在负责。店铺是营业的，路过时可以进去转一圈。有的店门前有着像走廊一样的空间，开口处连接着人行道和公园，形成了无缝隙的公共空间。公共空间与民间公共空间紧密相连，形成了丰富的城市街景。

艺术千代田 3331 和前面的练成公园之间存在着学校用地和公园用地之间无形的分界线。民间运营的室内型公共空间和公共的室外型公共空间连接形成了很好的风景。

我是建筑师槙文彦的初期学生，我还记得老师课上的一段内容。槙先生一边放映着点彩画派乔治·修拉（Georges Seurat）的《大碗岛的星期天下午》，一边谈论着城市景观。画中，人们与家人和朋友在公园，每个人都看着不同的方向，各自创造着自己的所处空间，并与自然风景和谐。这是城市的人文景观。巴黎卢森堡花园的使用方法正是如此。即使一个人也有自己的所有地，集体也有所有地，那是城市里人们交流的空间。

我希望艺术千代田 3331 和它前面的公园能够成为这样的地方。

到目前为止，改变地区流动性的相关城市改造很有必要，其中学校作为核心的场地也非常重要。

清水义次

建筑、城市、地区再生负责人，株式会社午后社区（Afternoon Society）代表董事。

1949 年出生，毕业于东京大学工学部都市工学专业，曾就职于市场咨询公司。1992 年成立了株式会社午后社区（Afternoon Society）。公司主要进行影响市民观念的建筑设计、项目管理以及城市和地区的再生创作。在东京都神田、新宿歌舞伎町、北九州市小仓等地构筑了通过使用闲置不动产提高地区价值的家守商业模式*。

译注：老人会是一个组织，通常在街道的公民馆里有固定窗口和活动据点。

译注：家守商业模式，是作者自创的词语。意思是为了维持或提高家、街道以及城市的资产价值而进行一些活动的商业模式。

5 航站楼

最近，你的出行是不是多了？

互联网等交流基础设施越完善，人的物理性移动的机会就越多。因为人们通过网络联系，并在现实中见面。

小巧紧凑的日本拥有世界上最成熟的交通网络。如果能活用这个优势，就可以进行更有活力的交流。

现在，我们有充分利用它吗？

ホテル ルートイン
2

从移动到交流，航站楼是交流的节点

航空自由化给地方机场带来机遇

以地方机场为例。机场的存在已经成为自治体很大的财政负担。但同时，机场也是隐藏着更多动态交流可能性的空间。因此，很多城市的机场其整改和维持都是勉强进行着。

一方面，很多地方机场的使用频率没有提高，维持运营很困难；另一方面，新干线将从北海道到鹿儿岛纵向贯穿整个日本，从国内交通运输这层意义上来说，飞机的分量将会越来越小。地处郊外的机场对出行来说不方便，因此乘客都选择离家更近、更方便的车站。地方机场的选址计划失败是最大的问题。以前政治欠下的债，现在要开始偿还了。

但是也不能一味地悲观，我们要想办法让现有的东西物尽其用。开放航空管制（航空自由化），说不定能给地方机场带来再生的机会。近几年，由于航空的自由化，日本已经可以加入海外廉价航空公司（LCC）。机票费用和长途客车费用差不多的 LCC 开始在日本的天空飞行。实际上，国际航线已经比国内航线便宜了，预计今后运费还会变得更加便宜。欧盟各国中，伦敦、巴黎之间的机票只有数千日元，横向比较来看，日本的航空运费矛盾已经很明显。机票费用的调整会在一定程度上影响城市的未来。现在，日本特殊的航空状况开始发生变化，这给地方机场带来新的可能性。

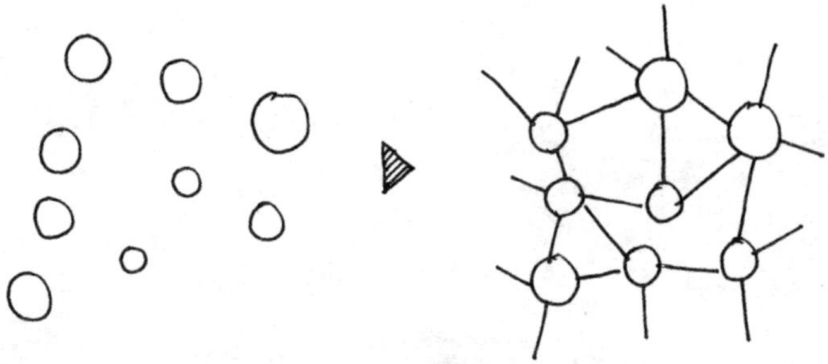

细化的交通网络改变移动方式

陆地交通也出现了变化。公共汽车等地区密集型的公交公司持续亏损，特别是在汽车拥有率高的城市，这一现象尤为突出。与此同时，随着老龄化的发展，没有车的家庭出行方式的缺失也是个问题。

今后，和飞机一样，巴士也会小型化，并提供更便捷细致的服务。随着移动通信技术的提高，小型巴士可根据需要灵活地运行到家附近。从大众出行到智能出行，交通方式也将改变。当然，作为其节点的巴士车站等地区枢纽空间也会有所变化。把交通的终点作为交流的节点，再对飞机、铁路、巴士等各种规模的交通站点或航站楼进行改造创新。

Transfer A
A1 - A21

控制终点站就是控制交流和沟通

樟宜国际机场（新加坡）

面对世界范围内的机场城市化，日本该怎么做?

新加坡的机场已经是一个小城市。

新加坡本国的机场需求不大，因此这里是特别的中转过境机场，是连接东南亚各国和澳大利亚等国家的枢纽。新加坡机场 24 小时开放，重视如何让转机乘客舒适地度过等待的时间。

航站楼内设有酒店，从淋浴、按摩等休闲设施到商务中心和会议室，一应俱全。在有着宽敞高大的天花板、连接航站楼的中央大厅里，商店、娱乐设施鳞次栉比，每条通道上都散布着咖啡厅，各种各样的人来往其中。如果窗外没有飞机的话，完全就是我们常见的城市街景，哪怕在机场里待上几天都可以很愉快地度过。樟宜国际机场是象征新加坡这个城市和国家身份的地方。

随着世界交通网络的发达，枢纽机场的重要性将进一步彰显。樟宜国际机场与韩国的仁川国际机场、中国香港国际机场正在争夺亚洲的航空霸权地位。很遗憾，在这种国际竞争格局中，日本国际机场的存在感越来越淡薄。

今后，枢纽机场自身城市化将成为一种趋势，那里流通的信息、投入的资本总量将会增加。航站楼不仅仅是飞机的起飞降落点，也是彰显一个国家姿态的地方。

把地方机场和购物中心结合起来

一家人边看飞机
边吃晚饭
WATCH
COFFE
购物中心
在城市的机场里
融入日常生活

瞄准机场和购物中心相辅相成的效果

让地方机场再生的方法是将其纳入日常生活动线中。

现在，对市民来说，地方机场已经成为特殊的场所，被孤立在郊外。

地方机场和购物中心的必要条件相似。大型的停车场、宽敞的空间、低矮结实的建筑……自治体为了机场再生引入购物中心，这样既可以共享停车场，也可以支持免税店的运营。

购物中心出售地方特有的丰富物产，如果国内机票费用和去国外差别不大的话，其他国家的人也会选择飞来购物。能享受美食又能购物的机场，光是这一点就能吸引更多人。

不仅是购物中心，还可以考虑SPA、高尔夫球场、展览厅，也可以考虑与机场特性吻合的其他功能设施。把这些功能复合起来，使机场成为能让一家人游玩一天的地方。从非日常到日常，逛机场这件事也就变得不那么特别了。

享受紧凑的国土，改变移动的意识

从羽田起飞的深夜航班，可以实现同时享受大城市和小城市的生活吗？

在改进机场的同时，我们也希望重新审视使用机场和空中移动的观念，也就是试着把飞机当作日常移动工具来看待。

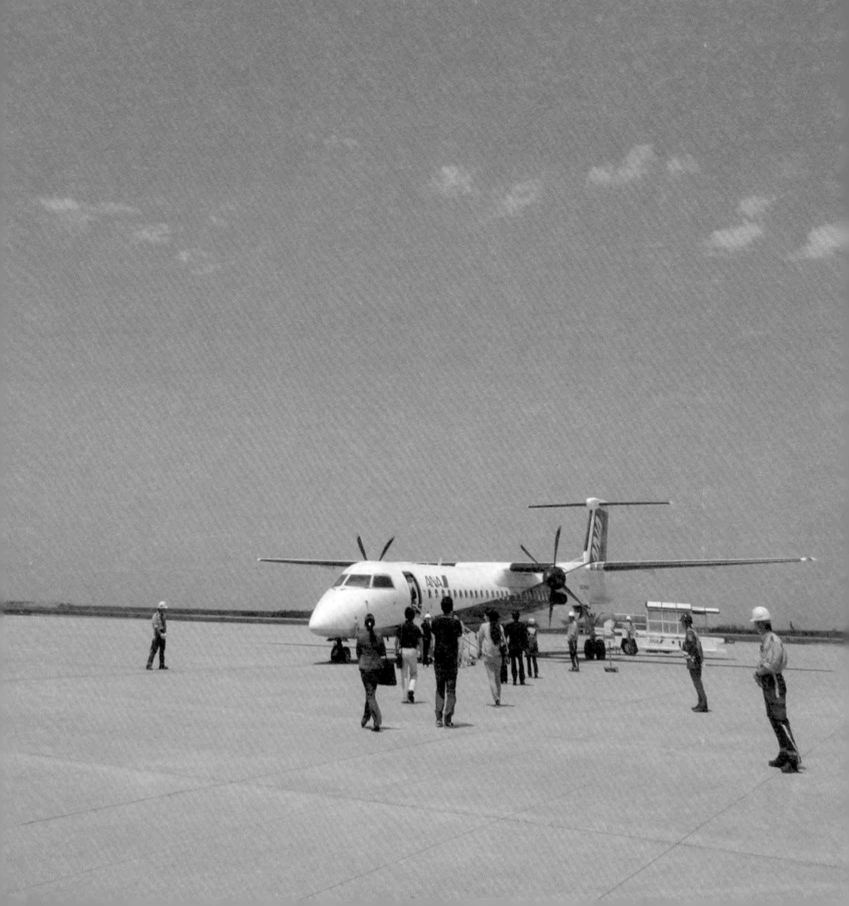

日本的国土虽小，但南北狭长，拥有多样的风土人情。如果能熟练使用空中交通，我们就能享受它的丰富多彩。但是，高昂的航空运费阻碍了这个可能性。如今，随着更多LCC加入开放航空，曾经世界上最昂贵的日本航空运费已接近欧美、亚洲各国水平，可以说现在正是航空交通改革的时候。

比如，羽田机场的扩建和深夜航班的通航可能会改变东京与地方甚至海外的关系。我亲身经历过类似的事情。

星期五晚上9点过后，我收到了正在旅行的妻子发来的短信:“要不要现在来冲绳?”就在想回复她“开什么玩笑”的时候，我收到了几条短信，“0:20羽田起飞，天马航空(Skymark Airlines)……”2:50，我降落在那霸，因为羽田机场24小时运营，我才可以在这样的时间飞行于东京和那霸之间。

晚上10点多我从事务所出来后，直接赶往羽田机场，在飞机上大睡。第二天早上，我揉着还没睡醒的眼睛，乘坐上午9点出发开往庆良间群岛的高速轮船，10点就已经站在了离岛湛蓝的大海边和蔚蓝的天空下。在岛上待到第二天傍晚，周日晚上再搭飞机回到羽田。

不需要向公司请假，我在完全没有准备的情况下度过了一个充实的周末。

在小小的日本，这种往来于城市与自然之间的、新的时间使用方法和旅行的可能性，应该会越来越频繁吧。

将高架桥作为公园，草根运动促进城市规划

High Line（纽约）

Friends of the High Line 运动受关注的原因

High Line 位于纽约曼哈顿西部，是把位于 M.P.D.（Meat Packing District）附近的高架货运铁路遗址改造再利用的、长 1.6km 的空中绿道公园。这个区域曾经是食品和纤维制造厂的旧址。

1980 年，铁路被废弃，但高架桥被保留了下来。高架桥上杂草丛生，照不到阳光的高架桥下更是犯罪的温床，这破坏了地区的形象。1994 年，朱利安尼就任市长，希望通过整顿治安环境来恢复和重建城市形象。铁路旧址大体上已决定拆除，不过希望铁路存续的运动也开始了。

存留、再利用的契机是当地居民提出的“Friends of the High Line”设想，他们建议把高架桥改造成公园。通过设计和活动受到媒体和政府的关注，支持该活动的布隆伯格当选为市长后，于 2002 年撤销了拆除计划。High Line 项目开始启动。

从 20 世纪 90 年代后期开始，艺术家和画廊就移到了 M.P.D.。Friends of the High Line 运动受到这些群体的支持，并逐渐扩大。现在，纽约市推出了把 High Line 作为旅游资源的政策，这也促进了餐厅、酒吧、酒店等民间的投资。

纽约，通过市民运动的初速度，抓住了把小构想迅速转换成大城市规划的机遇。

回送車
回送車
4
市営バス

把地方巴士总站变成交流的空间

从大型运输到小型运输，今后的巴士总站是什么样的？

观察使用客运站的人们，你会发现一个清晰的群体，那就是没有车的人和不能开车的人，即年轻人和老年人。意识到这个用户群体，你会发现客运站新的可能性。客运站一直是交通的节点，是所有人来往的功能空间。

在老龄化加剧的城市，公共汽车应该被重新定义为灵活的交通工具。公共汽车正在探索到家附近接送老人的服务模式。东京涩谷区的"八公巴士"、港区的"小小巴士"等社区型巴士获得了市民支持。巴士除了大型运输功能外，还应该逐渐往小型化运输转换。

之前去土耳其旅行，发现那里名为"多姆斯"（DOLMUS）的合乘巴士系统非常发达。合乘巴士使用的车跟丰田的平头型商务车一样大，它们没有固定的站点，乘客只要向正在运行的巴士招手，它就会停下载客。它们一部分有规定的路线，一部分可以按乘客的指定运行。这是在欠发达的环境中诞生的简易巴士系统，在人口减少且只能分散居住的城市，这种系统更加适合。

未来的巴士总站也会有所改变，它不仅是巴士的起止点，也是人们可以安静享受的空间。小诊所、酒吧、图书馆……适合新时代的巴士总站起着凝聚地方社区的作用。

综合巴士客运站

引进诊所会怎么样？

巴士总站周边的设施正越来越空洞化，过去热闹的商业设施因乘客的减少而逐渐撤出。

因此，如果我们重新审视它的用途，试着与其他的设施混合使用，如引进诊所等功能，会怎么样呢？

老年人去医院时经常出现出行困难的情况。因此，在公共汽车经常来往的巴士总站设立医院，对老年人来说是个不错的主意，对小诊所来说也是增加顾客的方式。

富有魅力的沉睡空间，会因新的功能而充满生机。

SHI
citiba
OPEN
2F
au

路边咖啡厅，道路的使用方法改变街区

摩尔四番街（东京都新宿）

街道和商业融合，走上了道路更新的长征之路

JR 新宿站东口路上不经意的风景，对日本的道路发展史有着很大的意义，那就是路边的咖啡厅。因为之前，在路边常设餐饮店或商店的营业行为是被禁止的。

实现街道和商业融合，日本花费了 25 年的时间和巨大的人力，也就是说，日本的街道改革存在着很多障碍。想要建一条新路，通过追加和更正预算就可以解决，但是要改变它的用途却困难重重，这就是日本街道的状况。改变的起因始于 1986 年，当时新宿站前的商业街振兴工会和新宿区的利益一致，都希望消除非法停车、流浪者和非法买卖药物带来的负面印象，最初他们把路面铺成石板等来改善环境。

1999 年，他们开始在街头进行路面活用的社会实验。于 2005 年，在路边开设了临时的露天咖啡店，供排水和电气等基础工程由区政府支持，建筑物由民间投资，日常的维护工作由咖啡厅人员进行，他们各自起到了作用。社会实验期间对客人数进行的统计证明了街道开放的有效性。

2011 年，城市再生特别措施法和道路法施行令的修改，使得路边永久性建筑的建造成为可能。2012 年末，我们开设了一家常设咖啡厅，这是修正法实施后的第一个案例。咖啡厅所得的收益用于道路维护和预防犯罪活动等。

6 图书馆

你最近去过图书馆吗?

现在的网络非常发达，有想看的书就在网上找，有想要买的书通过邮购第二天就能送到家里。以前这些图书馆的功能现在完全转移到了互联网上。

以后，图书馆还会存在吗?

图书馆会是因数字化而消失的建筑类型吗?

但是，站在书的空间里，独特的气味，安静中翻书的声音……作为物质的书和建筑空间给我们带来的是无法通过网络体会的感受。

这个时代，我们需要一个怎样的图书馆呢?

A 13 B
ビジネス関連資料

下一代图书馆，与书的全新邂逅

追求图书馆身份个性的时代

图书馆曾经是图书种类齐全、可以在里面寻找自己所需知识的地方。现在，就知识获取这个意义上而言，如果不是专业图书的话，互联网就足够了。如果想要买书，可以在亚马逊上买到便宜的二手书。另外，书的电子化正在加速，图书作为实体产品的存在正在消失中。围绕图书的现实环境也在发生着急剧的变化。

获得知识的便利性提高固然是好事，但图书馆存在的意义也因此受到了质疑。在行政管理、财政紧张的情况下，应该怎么做才能让图书馆更富有魅力呢?

人们想在图书馆获得什么?

无论过去还是现在，图书馆都是提供人们阅读的地方，这一点不会变。花时间在那里，让自己处于被书包围的、安静轻松的氛围中，这样的时间和空间才是图书馆的魅力。即使在电子化的世界里，书也有作为实体的优势。

不知为何，人被书包围时心情会很舒畅，自然会产生对知识的渴望，并且冷静地思考。有些情感和精神状态只有在被书包围的时候才能产生。把这一点作为重点对空间进行重塑，是图书馆改造的重点。

为了发挥图书馆本来的价值，图书馆不能仅仅作为存放

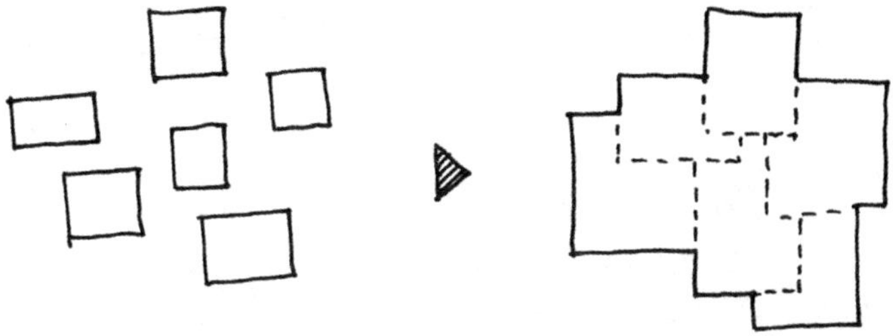

和展示图书而存在，而是要附加不同的功能，实现其潜在的价值。图书馆正是因为其存在价值得到重新审视，才能进行顺应时代需求的革新。

开始试错的图书馆

图书馆开始尝试灵活运用指定管理者制度，实行民间运营。虽然民众对民间企业管理市民个人信息有不同的意见，但他们已经开始尝试在这些意见的基础上得到市民支持的办法，如本书介绍的佐贺县武雄市图书馆。

武雄市图书馆同时设有书店和咖啡店，自 2013 年 4 月重新装修开业以来，来馆的人数、顾客类型、馆内氛围都有了很大的变化。

图书馆的改造还可以在其他方面下功夫，如可以和公园结合，也可以和诊所、补习班结合。如果把图书馆融入老人和孩子们的日常生活动线中，它将起到新的作用。

利用书对人们的吸引力，新概念的图书馆即将出现。

传统小学因漫画和草坪广场而再生

京都国际漫画博物馆（京都市）

官民合作——基于 PPP 的小学校舍再利用

该漫画博物馆由京都市提供土地和建筑，由京都精华大学负责运营和管理，这里最古老的建筑是 1929 年建造的龙池小学。在保持小学校舍历史价值的同时进行翻新，改建为漫画博物馆。

2003 年京都精华大学向市政府提议设立漫画博物馆，为此成立了由市和大学组织的运营委员会，并于 2006 年开放。同年，精华大学开设了漫画专业，成为官民合作（PPP=Public−Private Partnership）的代表。

漫画博物馆是不仅仅对漫画、动画进行研究，还有终身学习、观光、人才培养等项目，希望能产生对地区产业和文化的影响。入口处设有咖啡厅，可以拿着漫画到宜人的户外草坪上阅读，这非常受欢迎。漫画博物馆吸引了很多海外的游客，现在已经成为了京都新的观光景点之一。

公园里的开放式图书馆

拆掉图书馆和公园之间的墙

首先确认与图书馆相邻的空间情况。你可能会注意到，很多图书馆的位置出乎意料得好，和公园、自然环境相邻的情况很普遍。能不能把两者之间的墙壁或采光窗去掉呢？

如果可以，那么使用的可能性就大大增加了。眼前的公园也成了图书馆的一部分，晴天可以在树荫下阅读。以前不能把书带出图书馆，现在通过 IC 标签管理等方法也能实现图书外借了。

室内流动着清爽的风

图书馆内出现书店和咖啡厅

武雄市图书馆（佐贺县）

因为空间舒适，
来的人也多了

图书馆的书和书店卖的书混在一起

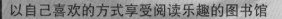

以自己喜欢的方式享受阅读乐趣的图书馆

人口 5 万的佐贺县武雄市，和其他城市一样，图书馆是必不可少的，但是要维持符合市民需求的服务水准非常困难。

因此，武雄市提出了通过指定管理者制度，委托运营的茑屋书店 CCC（文化 / 便利 / 俱乐部）负责图书馆的运营和管理业务。CCC 通过图书馆设立的 CD.DVD 租赁、图书销售等自主事业和委托费的组合来实现收支平衡。

图书馆全年无休，一直营业到晚上 9 点，结果是用户数量在急剧增加。对于已经能够控制支出的政府和开始着手新业务的 CCC 来说，这都是一个好方案。

紧邻星巴克，
边喝咖啡边阅读

让图书馆有趣的民间企业运营制度

指定管理者制度下扩张的独特图书馆

对于人口和税收都在减少的地方自治团体来说，图书馆的运营管理成了负担，市民们希望图书馆提供更多服务，如延长开馆时间等，但这会导致经费增加。因此，市民远离图书馆，恶性循环仍在继续。现在仅靠行政部门的努力很难改善这些问题。

随着 2003 年《地方自治法》的修改，公共设施的管理可以由民间企业负责，这就是我们提到的“指定管理者制度”。公立设施的民间委托早在 20 世纪 70 年代就已经开始，而小泉政府提出的“从官到民”的大政策使其正式化、活跃化。

关于图书馆，地方自治团体委托民间企业的案例正在增加。例如，三得利公共服务（SUNTORY PUBLICITY SERVICE）和其他两家公司运营的东京都千代田区的千代田图书馆，管理员负责提供千代田区的街道信息和旧书店指南。纪伊国屋书店受熊本市的委托负责运营，熊本森市中心广场图书馆（熊本市）则获得商业支持。之前介绍过的佐贺县武雄市图书馆，把图书馆、茑屋书店和星巴克融合在一起，为了使运营合理，活用了各种民间特有的办法。

通过引入民间企业，图书馆可以提供许多以前没有的服务，并且仍有增加娱乐功能的空间。向街道开放的图书馆所起到的作用，今后会越来越明显。

指定管理者制度是什么？

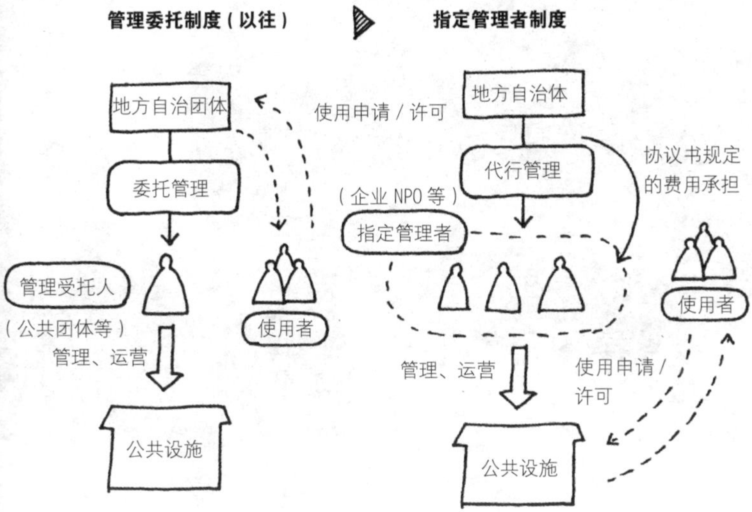

由民间运营致力于新组织的图书馆

有接待员的千代田图书馆（东京都千代田区）

得到商业支持的熊本森市中心广场图书馆（熊本市）

おぶせ
まちじゅう図書館
本とつながる。
人とつながる。

让书成为连接街道和人的媒介

全镇图书馆（长野县小布施町）

通过图书将个人向公众开放

小布施町位于长野县东北部，是只有1万左右人口的小镇。但是，这里通过举办各种创意活动，每年吸引120万次游客。

“全镇图书馆”从2012年开始，是通过在街道各处摆放小书架，把整个小镇变成图书馆的项目。

把自己喜欢的书放在店铺门口、仓库和自家门口的空间里，如果路过的人有所回应，交流就由此开始。比如，“这本书，我也喜欢，那个……场景很不错呢”。此外，酒屋前放着与酒和下酒菜有关的书，面包房则放着关于面包和饮料的书——书成了连接人和街道的媒介。

小布施町从2000年开始名为“开放花园”的活动，意在向当地居民和游客免费开放个人和商店的庭院。通过开放私有空间的一部分，使其成为私有和共享的中间区域。这个弹性空间建立起了街道与人的关系。

以前被称作檐廊和店头的空间就发挥了这个作用。小布施町通过新规则重新找回这些东西，并将其发展成旅游特色。确实，能看到当地风土人情的旅行才是真正的旅行。不知不觉间，小布施町形成了由志愿者接待游客的习惯。

全镇图书馆也是这种感觉的衍生。把提供书的店铺和私人住宅的网络做成地图，居民和游客可以拿着地图在街上寻找。这一过程以书为媒介重新构建了街道和人的关系。

把沉睡在家里的书集中起来，拼凑一个图书馆

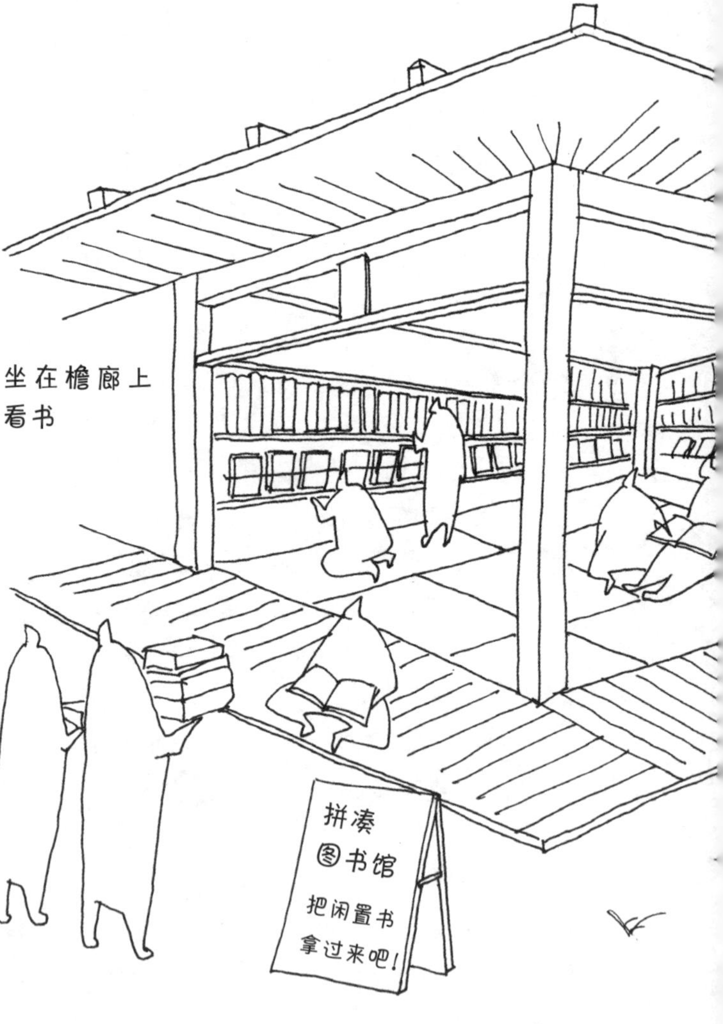
坐在檐廊上
看书
拼凑
图书馆
把闲置书
拿过来吧！

滚来滚去

市民共有的书架也储存着城镇的记忆

你家里的书架上，有沉睡着已经不读但扔了又可惜的书吗？比如，孩子读过的绘本和厌倦了的漫画…… 丢掉拥有回忆的书是让人心痛的。

如果可以，把这些书收集起来，做成图书馆。

比如，把闲置的书集中拿到商业街的闲置店铺中，形成一个市民运营的“拼凑图书馆”怎么样？图书馆里有自己的书，也更容易产生参与感。

这里是大家的书聚集的地方，也是储存大家记忆的地方。

7 住宅小区

你有在住宅区玩耍的回忆吗?

日本以前有很多家庭集中居住的住宅区 *，自己或朋友住在住宅区里是很常见的。住宅楼之间有一块宽敞的空地，很多人都有过在空地上玩耍的童年记忆吧。

但是现在，住宅区逐渐老龄化，空置率越来越高，孩子们玩耍嬉戏的声音也越来越少。

如果我们冷静地重新审视这一空间，就会发现这个占地面积大、楼层低、体量大、结构紧凑的环境，充满了成为新的公共空间的可能性。

译注：这里的“住宅区”，翻译自日语里的“团地”，是指有计划地集中建很多公寓或住宅的区域，通常是政府为了拆迁而集中建的，公有团地居多。

251

新时代住宅区和丰富开放空间的使用方法

可以窥见时代轮回的住宅区的舒适感

团地住宅区一直被认为是富有昭和时代风格的区域。随着时代的发展，其空间和设计理念在当今显得十分新鲜。

50 年前刚出现住宅区的时候，日本人口只有 1 亿左右，所以住宅区占地面积大，周围都是公园和游乐场。此后，日本的公寓开始重视效率和经济性，生活空间也在不知不觉间变得非常密集，索然无味。

城市的公寓推动了生活的个性化。市民有可能从没见过住在隔壁的人或者尽可能不和邻居交流。确实，这种价值观也是时代的需要。其结果是，2011 年的人口普查中，所有家庭中独居，即一个人居住的情况最多。目前，三分之一以上的家庭都是一个人。住宅区中独居老人的问题也越来越严重。

在这样的时代背景下，东日本大地震发生了。很多人开始意识到与社区和邻居日常交往的重要性，并重新认识到建立适当亲密的邻里关系的必要性。

预计到 2050 年左右，日本的人口将恢复到 50 年前的水平，因此没必要把人们挤进那么狭小的空间里，而住宅区的密度就刚刚好。

包容人们宽松关系的容器

住宅区发展的初期，家里没有空调，电梯也很少见，还保留着社区和绿地。随着时代的变迁，住宅区的重要性也逐渐被人们忘记，但是现在看来，却显得非常有吸引力。

对于住宅区开放空间的思考，与对聚集型居住意义的重新探索以及如何将自然环境融入生活等方面息息相关。

被称为标准模式“夫妻 + 一个（或两个）孩子”的家庭结构，已成为多样化生活方式的一种。与此同时，兴趣、爱好和价值观也正变得多元化，并由此产生了新的社区。作为极大包容这样宽松关系的容器，住宅区和开放空间需要重新定位。

住宅区，古老而崭新的公共空间

观月桥住宅小区（京都市）

Open A works

住宅区的开放空间是地区的共有资产

通过参与观月桥住宅区项目的策划，我再次意识到，住宅区空间实际上是日本残留的丰富的公共空间。虽然我不是住宅区居民，但我的记忆中留下了很多在住宅区楼房之间开放空间里玩耍的情景。住宅区整体对社区来说是公共的空地，对孩子们来说则是游乐场。

随着老龄化和生活方式的改变，住宅区的人口在不知不觉间变少，失去了曾经的公共性。如今，需要对它进行重新审视，住宅区不再仅仅是集体住宅集合的地方，而是拥有丰富开放空间的地区资产。

这个项目的任务是重建住宅区空间，寻找新的住户。

现在的集体住宅要求容积率达到最高，这导致很难有宽敞的方案。20 世纪 60 年代建设的大部分住宅区都留下了充足的空间，远近适宜的邻栋间隔带来了绝妙的邻里距离感。地面上的大树使人感受到这个住宅区经历的岁月。那是现在难得的宝贵生活空间。这种宽敞使得住宅区拥有公共空间进行改造的可能性。

时光转变，在希望住宅区和生态环境有新作用的今天，活用住宅区独有的空间开放感和距离感的设计，可以展现历史感和时代感的共存。

在小区里居住，在小区里工作

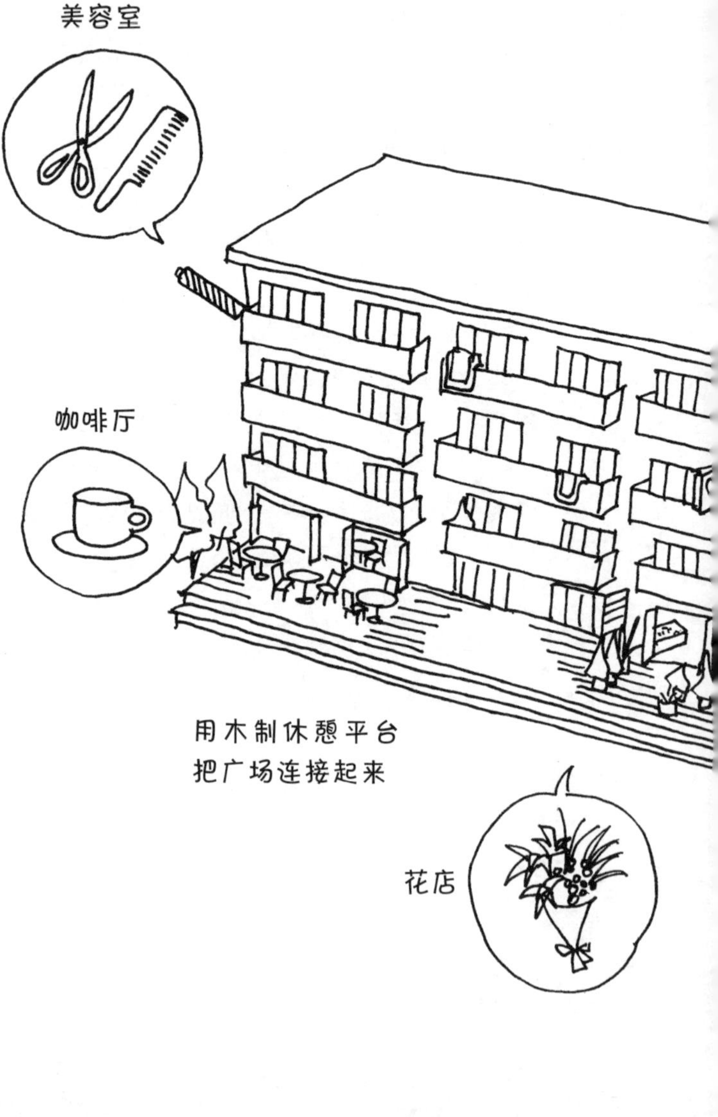

住宅区是最适合职住一体的生活方式

把住宅区一楼阳台与前面的空地连接起来。住宅区的楼下应该会马上热闹起来，变成一个快乐的空间。

在这里，我建议采取在小区的高层居住、低层工作的职住一体的方式。这种方式被称为“鞋柜式”，一直到 20 世纪 60 年代都是日本商业街的主流形式。但是现在由于职住分离和住宅的郊外化，这种方式逐渐减少了。城市是购物和工作的地方，郊外则是为了休息而回去的地方，生活被两端分化了。这是城市繁荣被夺走的原因之一。

但是现在，把居住地和工作地集中在一起生活的人开始增加，这被称为 SOHO* 风格。

以前，下层作为店铺的情况比较多，如工作室、办公室、画廊、小咖啡馆，这样的使用方法也不错。

译注：Small Office、Home Office，家居办公，大多指那些自由职业者。

IKOI + TAPPINO 正面

以小学课桌为主题的写字台

很多人来的时候，可以拼成大桌子

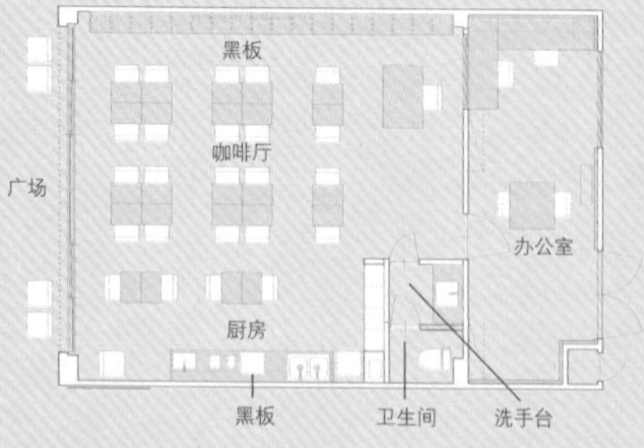

IKOI + TAPPINO 平面图

把小区里的空置店铺改造成咖啡厅，和广场连接起来

IKOI + TAPPINO（茨城县取手市井野小区）

Open A works

有艺术存在的住宅区活动中心

这是因东京艺术大学的进驻，而在茨城县取手市持续开展艺术活动的项目。井野住宅区就是其中之一。活动的中心是“取手（市）艺术项目”，1999 年开始，在城市里举办了现代美术公开招募展和开放艺术家工作室等活动。2010 年开始，以“艺术住宅区”为主题，各种把住宅区艺术化的活动丰富了起来。

“IKOI+TAPPINO”处于该项目据点的所在地，Open A 设计改造了商业街面向广场的空置店铺。把咖啡店和事务所一体化，变成容易聚集居民的场所。

咖啡厅把一整面墙做成黑板，在研讨会等时候很有用。天气好的时候整面墙可以全部打开，与广场相连。客人可以把钱投入收银处设立的罐里自助冲泡咖啡，或者由志愿者帮忙冲泡。这是居民自发组织的、属于居民自己的空间。

现在，这里正在进行以整个住宅区为对象的艺术实验，只有拥有宽阔场地的社区才能进行这种活动。

把住宅区改造为青年宾馆

拯救都市的住宿“难民”！

虽说是宾馆，但是不需要很正式的服务。只要有安全、干净的住宿功能和基础设施就行。譬如，把前台设在集会所，客人在前台领取钥匙后自己寻找房间入住。

现在，由于求职和实习需要，很多年轻人必须在陌生的城市逗留一个星期以上，年轻的外国游客和背包旅行者也是一样。因为他们没有钱，所以很难找到合适的住宿地，很多

利用空室多的住宅区
05
06
自己寻找房间入住

女大学生只能在咖啡厅或者有危险的廉价地方过夜。这已经成了社会问题。

那么，按照现有的结构把剩余空间的住宅区改造成宾馆可行吗？这样既能减少硬件的变更，又可以提供安全的住所。

聚集了来自不同地区、不同国家年轻人的宾馆，光想象都觉得很有趣。

把住宅区空房改造成宾馆，由居民接待客人

SUN SELF HOTEL（茨城县取手市井野团地）

自己制作“太阳”和“宾馆”的艺术项目

2013 年 4 月 13—14 日，我们在茨城县取手市的井野住宅区举行了两天一夜的限定住宿体验活动，活动的名字是“太阳自助宾馆”。该项目由 2012 年启动《团地 · 创新者！》的现代艺术家北泽润策划。

居民作为宾馆职员，自己动手把限定期间租借的住宅区空房间布置为客房，迎接客人。准备了半年的宾馆工作人员接待了从报名者中选出的母子和奶奶三人来入住。

太阳自主宾馆的特点是，白天利用特制的太阳光集合车来收集电能。这个电能是太阳自助宾馆的特色，白天收集到的电能可以让浮在夜空中的“太阳”发光，维持客房一晚的使用。宾馆工作人员和客人互相协作，自己（SELF）创造“太阳”（SUN）和“宾馆”（HOTEL），通过这样的体验建立人和自然、人和人之间新的关系。

宾馆工作人员像招待来家里的客人一样热情地与他们沟通。到目前为止，原本只是相互认识的居民已经像大家庭一样各自发挥特长来招待客人了。

太阳自助宾馆作为住宅区居民传达社区魅力的载体，成了一个活跃的活动场所。这正是让所有参与者都能变得幸福的艺术项目。

13 日 PM 0:40
客人入住
宾馆人员一起迎接客人

PM 1:00
带客人去房间
工作人员展示手工制作的设置
大家一起染制的蓝色窗帘

PM 2:40
推着收集太阳能的小推车，在住宅区里边散步边收集能量

PM 6:30
使用蓄积的电能在小区里升起“太阳”。太阳自助酒店的象征在住宅区的中心点亮

PM 7:15
晚餐时间
把在住宅区内集会所做的饭菜送到客房
餐具也是特制的太阳自助主题

14 日 AM8:15
客房服务的早操
收到手工制作的土特产后退房

小区空地的移动销售摊位

像移动市场一样……

住宅区里设立小型义卖会

住宅区有可供车辆进入的宽阔的开放空间。利用这些空间定期举办义卖会怎么样？

最近，经常可以在街上见到移动的小型销售摊位，一周一次。就像过去他们在市场上一样，在多个住宅区进行巡回销售。通过这种形式，住宅区和周边的居民也可以开办自由市场。

义卖会能够创造人们交流的机会。无论是照顾孩子的全职母亲，还是孤独的老年人，只要家门前出现一个小小的热闹空间，肯定都会想参与一下。

DANCHI de MARCHE
ZUITEL
地だこ
釜あげ
露地ピーマン
¥400
サラダナス
ミニトマト
¥350

在住宅区开设的市场成为连接人与人的节点

团地 de 市场（横滨市若叶台小区）

居民跨越年龄隔阂从食物开始

“团地 de 市场”是横滨市若叶台小区从 2011 年 9 月开始至 2013 年 3 月为止举办的一次尝试活动，每月第四个周六、周日举办，已经在附近小有名气。

这个市场以创造新城市为目标的活化策略在这个小区诞生。活动举办场地是离住宅区商店街很近的“若叶广场”。这个共有 6 300 户约 16 000 人生活的大规模住宅区，对于年轻的育儿家庭也颇有吸引力。但同时，这里也是被老龄化困扰的地区。

基于这种状况，为了跨越年龄隔阂，开放住宅区可以达到活化的效果。组织者是对住宅区生活给予支持的若叶台管理中心。

以年轻人的视角活化日本农业事业的“农业女性”项目，让年轻一代也有了参与的机会。她们与全国的生产者进行交流，项目的成功与市场的传播能力和食材的丰富多样紧密相连。

随着来访者的增多，企划也得到了优化。这里设有专门向来访者介绍住宅区的居民沙龙活动门店，也有经营跳蚤市场的人开的店。住宅区内的菜园俱乐部也开始对居民和附近的参加者进行当季蔬菜的日常培育讲座等。

以市场为契机，各种各样的活动和交流产生了，这让人畅想下一个时代住宅区的风景。

INTERVIEW

嘉宾：森司

对谈：马场正尊

“你、我和我们”，这种感性创造了新的社会关系资本

从Christo到北泽润，艺术家敏锐地发现的场地和方法将在社会化之前开拓出新的领域。

从白色立方体*到在东京这个城市里进行艺术活动的馆长森司，在城市的现实中，您在规划什么，想要改变什么呢？

我们向用艺术在个人与公共之间架起桥梁的管理者学习了动摇和改变“公众”这一概念的方法。

译注：指博物馆等室内策展空间。

重新审视“私”与“公”关系的艺术

——森先生在水户艺术馆的 20 年中举办了许多展览。不过，2009 年，您突然辞职。作为东京都文化财团的职员，从事与 NPO 等相关的艺术活动，我的感觉是，您想要在城市里通过艺术的方式，把艺术带到大众中去。

您为什么会从“白色立方体”走向城市呢？

与其说我辞去了美术馆管理员是深思熟虑的，不如说是再不出去就不行了，也许是为了寻找某种意义才做的决定吧。

这四年里，我在各种场所、各种状况中继续进行艺术工作，现在主要做的是对“你、我和我们的关系”的探寻。思考和探索怎样创造“我们”，怎样创造“我们”的关系，我想回归到这一主题。

比如，在老师和学生这样的关系里，“你和我”是被固定的，但是在平等的“你和我”关系中，彼此的站位可以是一样的，也可以上下浮动。这个关系有时会转变，不是固定的，而是作为“我们”的感觉被认知，这是艺术作用的可能性。

现在，“你和我”的感觉以很强烈的关系存在着，但是“我们”这个概念则变得很淡漠，让人感到不协调。生活在城市里的我们需要重新认识“你、我和我们”的关系。所以，我在城市的很多地方创作现在所说的“我们”的概念。

创造人与人之间的关系本身就是一种艺术

和我一起共事过的艺术家并没有表现出“这是作为艺术家的‘我’所表达的”这样的想法。

比如，本书中一位名叫北泽润的艺术家，他创作了《客厅》

《太阳自助旅馆》等作品，但他想到的只有“我们”，没有创作者的“我”“我们”中的“你”“我”。怎样在普通的日常中增加一点不普通的新元素呢？北泽润致力于把在日常中创作第二、第三种日常作为主要的题材。

虽然他是这个项目的最初提出者，不过执行者是很多人。在这种情况下，与其说谁是表现主体，不如说建立起这种表达参与者的关系本身就是艺术行为。

交流的 OS 转折点

就像计算机从独立的操作系统切换到互联网的操作系统一样，交流也许和自由、共享相呼应。

我和马场先生想要用语言表达的感觉，艺术家们正通过身体感知着。有时候也觉得有我们这类想法的人是生活在与现实不同的另一种价值观中。

看着正在玩对打游戏的孩子们，我们会觉得对打这件事本身就是关系的连接，行为规则是现实和虚拟的结合，而默认这一规则的一代人马上就要成年了，再过 10 年，他们将创造一个时代的新体系。现在，25 岁的北泽润 10 年后也许会成为某大学的老师，他理所当然地会把这种感觉教授给自己的学生。

——森先生现在所说的表达方式，已经成为一种新的艺术趋势了吗？

这可能不是一般意义上所说的艺术场景。接下来我想花 10 年的时间去做一些可以被认知的价值化的艺术工作。

乍一看，北泽润创作的“我的城中市场”不像一个艺术场景，这是因为如果只有一个项目的话可能不像，但是如果这个项目持续出现，形成聚集效果的话，就是艺术场景了。

如果创作者本人是无意识创作的话，我们还是不做评价比较好，但是北泽润创作的场景都带有非常明确的表现意识。作为局外人的我们对项目的关注或者现场参加都可以理解为我们也参与了项目。我认为这是一个很好的论据。

* 北泽润：1988 年出生。艺术家，北泽润八云事务所代表。在各地策划、运营贴近人们生活的艺术项目。代表性项目有，通过交换不必要的家具来持续变化的起居室项目“起居室“(LIVING ROOM)(埼玉县北本市，2010 年至今)，以及在临时住宅中开设模仿街道市场的“我的城中市场”(福岛县相马郡新地町，2011 年至今)等。

我的城中市场(北泽润)

——通过本书介绍的北泽润作品以及森先生提到的“你、我和我们”这一概念，我可以感受到亲和性。

如果说北泽润的作品是对“自我”和“公众”关系重新审视的话，那么我想通过这本书表现的以及希望在现实社会中发生的，也是重新审视公众这件事，这不是巧合，而是我们提出的问题是同一个方向的。

——作为让个体参与公众的方法，还有其他可以参考借鉴的艺术家吗？

有的，像 Christo 和 Jeanne-Claude *。

现在，通过这样的文脉重新回过头来去看 Christo 和 Jeanne-Claude 所做的工作，会发现很多新的东西。他们把项目的过程以照片、电影、图书、印刷品以及实际使用的资料、作品素材等形式保存下来，有意识地把过程本身归档，可以说这种行为本身就是他们的风格。

他们为了完全控制项目，只通过销售 Christo 等人的作品来筹集资金，这件事本身就非常了不起。收藏家们作为他们项目的支持者，有着积极的参与意愿，因此他们都感到非常幸福。

在“雨伞”项目期间，参加安装的人员除工资外还将获得一张 1 美元面额的支票（上面印有 Christo 的素描画像），拿到了代表 Christo 心情支票的人应该会很感动吧。支票作为项目的一部分存在，并作为纪念保存在世界各地许多人的抽屉中。

可能对于参与了项目的许多人来说，比起得到的金钱，参与这项作品本身更有意义。项目一方面是 Christo 和 Jeanne-Claude 的艺术表现，另一方面又作为公众事务让更多人参与进来，Christo 他们实际上是在创造这个大循环，但是他们是否自己意识到这件事又是另一回事。现在回头看他们的创作，我还是会这样解读。

* Christo 和 Jeanne-Claude 夫妇都是 1935 年出生，从 20 世纪 60 年代开始进行共同项目的创作。其主要以使用布艺材料临时改变景观的艺术活动而闻名，室外空间中的大规模作品都是夫妻两人共同创作的。到实现为止的谈判、跟相关人员的交流等，他们把所有这些过程都视为作品的一部分。其代表作有：在茨城县和加利福尼亚同时插下 3 100 把伞的《Umbrella，日本 - 美国，1984—1991》、用布包裹旧德国议会厅的作品《被包围的莱希斯塔克，柏林，1971—1995》等。

艺术家介入“有可能性的地方”

——在建筑和城市规划背景下的间隙，是否存在新的公共空间的可能性？

本书中马场先生作为问题提出的“公共空间”，是存在于资本关系缝隙中的空间。

《客厅》（北泽润）

比如，开放空地关系到空间的管理者、决策者、执行者，对于他们来说，活动和集市相对容易控制，但对于艺术来说却并非如此。从这个意义上来说，我认为开放空地对于艺术家来说并不是有吸引力的空间。

如果开放空地不在管制范畴内，那么艺术家肯定会更多地介入。所谓不能介入，也就是说开放空地有着看不见的限制（障碍）。是制度障碍，还是意识障碍，抑或是两者兼而有之？总之，这些问题的存在使得那些空间处于还未被开垦的状态，对于艺术家们来说，这就不是一个富有魅力的空间。

——那么，艺术家能够介入的地方是什么样的呢？

是制度和经济上还有不完善之处的地方。

即使是北泽润在埼玉县北本住宅区举办的“起居室”，也是选择在郊外住宅区商业街中租户已经搬走了的闲置空间中这里经营不佳，因此他想提出一个基于社区的特定概念。

——那里可能潜藏着新的公共空间的可能性。艺术家就像善于发现新地方，并创造新领域的敏感生物。

东京的墨东地区（隅田川东岸的一个地区）也在进行着同样的事情，由于这里房租便宜，艺术家们有介入的能力，他们逐渐入住到允许改造的建筑里。

这个项目不是作为特别的艺术活动，而是把已经入住的艺术家们组织起来，为此甚至还成立了起协调作用的 NPO 组织。其基本业务包括更新区域地图、运营网页、定期开会等。这个活动就像区域的引导者一样存在。

由于这样的地方和人才的存在，它自然地成为区域枢纽。创造场地，维持项目的继续进行成了 NPO 的业务范畴。这样的地方不正是新的公共空间吗?

——滨水空间怎么样?有新的公共空间的可能性吗?

滨水空间没有可能,因为它们处于强有力的管辖之下。因此,艺术怎么也无法介入。但是滨水空间相关政策一旦松动,艺术家们就能很自然地介入,并将那里作为创作的场所。艺术家们具有敏锐感知创作可行性的本能。

新的策展人创造场地和机会

——策展人把艺术家想要做的事情翻译给社会和行政部门的作用也在变化吗?

我是作为陪跑者被艺术家们从白色立方体里拉出来的。在城市里为艺术家创造新的事物,整改所需的环境是我工作的一部分。我的工作感觉上更像是走在前列的艺术家们为我创造的。

——获得经费、事先疏通、取得许可等工作需要专业的知识和技巧。

是的。为了把作品完美地展现需要邀请社会学者的参与,内容的数字化存档需要对接程序员,进入大学等研究机构之前还需要了解其专业和人员的活动情况,把这些以“我们”的感觉代入,个人才能够在工作和创作中实现自我,因此需要能够创造这样的场合和机会的人才。

——这也是策展人的工作吗?我感觉策展人的职能在扩大。

在正统派看来,这是相当不一样的策划方式。现在,我觉得有必要成立新的团队,那是让不同专业和不同语言的人一起合作,团队成立好了之后，项目就能自然地开展起来。比如，组建新型工作室或者像马场先生也参加了的“团地·革新”项目一样，建立有实践能力的任务组。

带着各种各样的设想积极地做好自己的工作，不过，大家都对接下来要做的内容有着明确的认知。大家都知道创作前所未有的集聚场地和机会非常重要，对分配的角色也非常期待。

在整个项目中，各自能够意识到自己所起的作用，并且让有推动能力的人来负责推进项目。大家不知不觉间成为合作伙伴，以“我们”的感觉，通过各种专业能力来推进项目。大家产生共鸣，一起感受创业的幸福。

“我们”的感觉和社会关系资本

——确实，感觉年轻一代中有更多的人能够本能地抓住“我们”这种感觉，并且会自然而然地思考如何积极地运用它。

这种“我们”的感觉与“社会关系资本”（社会资本）* 的概念有关。社会关系资本在《社交资本》（林南 *、MINERVA 书房出版社）一书中介绍过。

* 社会关系资本：把人与人之间的联系（关系）看作资源（资本），不通过严格的上下关系（等级制度），而以对等的关系产生协作来提高社会的效率，指在共同体和社会中人们的协调和信赖关系。

译注：林南（1938 年生于中国重庆），杜克大学三一学院社会学教授。他最著名的是在社交网络和社会资本方面的研究。20 世纪 80 年代初，他为中国社会学的重建工作做出过重要贡献。其主要研究社会资本、社会关系与社会结构等领域以及不同地区社会结构的比较。

我觉得，通过“你和我”的固有论去和想要建立关系的人交往是不确定的，有时还会对项目现场起到反作用。有社会关系资本这个概念的人容易结交，流动性高，容易开展活动。他们对这类活动不会感到有压力，更容易有同情，也就是“我们”的感觉，即使专业不同，也容易以这种共情建立起关系。

因此，我非常重视凭直觉就能明白这个概念的人的组合，在这个组合里，有通过语言理解的人，有通过感觉理解的人，也有与艺术无关的人。

由于我们所追求的东西不是明确的，而是前位的另类表现，所以，享受我和你的相遇，而不要马上把事物的现象与实物对等起来，注意到新的关系的存在才能产生新的项目。如果按照社会关系资本这个概念，充分认识到关系的获取方法和重要性之后再开始行动，这样从开始就会感觉很顺利。

我想专注于“我们”这个观点不会被轻视的项目，是满足于“我们”的诉求的项目。

有爱的且紧密的关系、只有金钱维系的关系，其间的差异和被认可的方法密不可分。

像村落社会那样大家都处于类似的环境属性里生活的话还好说，但是在流动性很高的现代社会，只靠属性还不能够形成关系，关系要随时建立。

有意识地、积极地创作这个新的关系的人是北泽润，我不知道哪一天他的作品会在日常关系中体现出来，但是这才是他所期望的作品的最终形式。

——我对北泽润的作品感兴趣的，在本书里介绍的正是这样一种关系性。他的作品成为展示新的公共空间创作的方法论。

最初，北泽先生依靠自己的兴趣和非专业能力推出了作品，那是只有艺术家才能做到的事。作为受众者的人们对他的作品随意地解释、扩张，甚至恶搞，不知不觉间就把作品当成了自己的空间。虽然这个过程北泽润必不可少，但是没有必要保持纯粹的原始状态，此时艺术以其本来的意义在公众中传播。

公众艺术，脱离了仅作为被放置物体的状态，成为让使用者发现空间的可能性、发现与自己的新的关系，并构筑这种关系的契机。

如果借用社会关系资本这个概念来说，就是在那里创作出来的场地和关系已经成为社会共同的资本。

森司（Mori Tsukasa）

1960年出生。公益财团法人东京都历史文化财团东京文化发展项目室地区文化交流推进科长、东京艺术据点项目策划人。参与水户艺术馆1990年的开馆准备工作，作为现代美术中心学员策划了Christo和Jeanne-Claude、川保正、椿升、日比野克彦、宫岛达男等人的个展以及水户咖啡（CAFE in Mito）等多个团体展览。2009年4月开始担任现职。在东京都负责与NPO等合作的艺术项目的实施和人才培养项目“TARL”的监督。2011年开始，作为“活用东京都艺术文化的灾区支持项目”的策划负责岩手、宫城、福岛三县的具体工作。

结语

这10年来，我参与了多个改造项目，体会到一些东西。那就是，所谓创新并不是单纯的建筑再生，而是价值观的改变。周围的空间改变了，处在其中的人的行为和心情也会发生变化，快乐的空间让人感到幸福。这种积累创造了新的风景。空间的变化能够唤起社会的变化。这些东西虽然很简单，但是创作本书的过程我能够再次感受到。

我们不是政治家，所以无论我们多么高声地喊着“改变公共概念”也没有说服力。以建筑师为首的、以创造空间为工作的人能够做到的事情，只能通过空间和建筑变化，描绘出他们理想中的风景。

日本还具备弹性，可以接受空间的改变，这是规则和常识健全运行的证据。从这个意义上来说，我非常相信这个社会。如果社会只是轻微的僵化，自由的构思和行动力就能使它灵活，这一定就是我们能起到的作用。

无论哪个时代，改变社会的都是明知不可为而为之的乐观主义者。

带着“总会有办法的”积极心态发起项目，遇到障碍就反复地修正和突破，最终使它实现。不去尝试，什么都不会改变。大家都以这样的心态重新认识公共空间，抓住灵感，并付诸实践吧。

最后，对花了两年时间让本书出版的学艺出版社的宫本裕美女士、给我构思带来了具体概念的 Open A 的大我沙耶香女士和通宵从事编辑工作的 Open A 的盐津友理女士表示衷心的感谢。在创作本书的时候还得到了很多人的帮助，非常感谢大家。

马场正尊

译者序

近年来，我们可以在很多媒体上看到“社区改造”“旧改”这些说法，“智慧社区”“老旧小区改造”等词条的搜索量不断提高。社区改造受到关注有一定的社会背景。

一是空间和设施的老化问题。我们国家城市里的很多生活小区和商业设施是20世纪七八十年代兴建的，使用时间已超过20年，老旧、脏乱，居住和使用体验感很差。当下，大兴土木、推倒新建的时代已经结束，对现有社区进行改造、公共空间的改造与更新已经成为我国当下城市建设的新趋势。

二是人口结构的变化和经济收入的提升使人们对环境的需求也有所不同。随着生活水平的不断提高，人们对居住区和消费场所等公共空间的适用性、安全性以及舒适性等也有了更高的要求。而逐渐老旧的环境与使用者需求不匹配的矛盾日益凸显，在无法新建的基础上，对现有社区环境的改造升级是必然的选择。

译者之一张美琴老师在日本生活十几年，硕士阶段就开始接触和研究公共空间，亲身感受到其城市更新改造中的细心和人性化之处。日本大多数建筑和公共空间是20世纪五六十年代建成的，但是它们的维护更新上做得很到位，因此使用的舒适度很好。张老师在硕士阶段入住过本书中提到的改造团地住宅区，那是京都大学和京都市政府联合提供给留学生的经济出租房。老旧的团地住宅区的房子经过重新改造和翻新后，使得入住体验感极佳，而且房租极其优惠，对留学生来说是物美价廉的选择。另外，让留学生入住以当地人居住为主的团地住宅区能够让留学生与当地人充分接触，更好地促进了留学生和当地居民的交流，是非常成功的改造案例之一。旧物新用，这是值得我们借鉴的方法。

日本是更早步入老龄化、少子化的国家之一，老龄化、少子化问题给公共空间的存在和使用都带来很多的变革契机，因此日本的建筑和设计界在积极寻找更合理和舒适的空间使用模式。他们目前遇到的问题和积极寻求改变的方向可以让我们在借鉴的基础上，寻求适合我国国情的公共社区更新模式。在生育率下降、国家积极推进三胎政策和不断攀升的老龄化率的大环境下，营造适宜的育儿环境和适老环境，是社区改造和更新的基础。我们应该从日本的摸索和改造中发现中国的公共空间更新的可能性。

马场先生的这本书从“公共”这一概念开始，在理清公共空间属性的基础上，收集了七大公共空间的改造案例，提供了对新的空间思考的方向，其中不乏我国也同样面临的问题，比如空置教室和校舍的问题。书中对公共空间既定属性的质疑和探索，在厘清法律规定基础上的合理更新等思路，对我国有很强的参考意义，改造方式同样有可借鉴之处。译者非常希望通过本书的翻译出版，为中国未来公共空间的改造和更新带来一些积极的思考。

特别鸣谢

清水义次、森司、中村政人、柳正彦、北泽润、斋藤勇 / 小林稔 / 飞田和俊明（涉谷区役所）、西村浩 / 田村柚香里（WorkVisions）、太田浩史、佐久川结、千岛土地株式会社、松本拓（北滨滨水空间协议会）、岩本唯史 / 山崎博史 / 井出玄一（BOAT PEOPLE Association）、京都国际漫画博物馆、武雄市图书馆、千代田区立千代田图书馆、熊本森市中心广场图书馆、花井裕一郎、羽原康惠（取手艺术项目）、Yukai、黑田隆明（日经 BP 社）、安田洋平（Antenna）、今村谦人、犬童伸浩、福井亚启

照片：

Daici Ano：p.38

Kazutaka Ohashi：p.46−47

株式会社 WorkVisions：p.54−55

铃木丰 /Tokyo Picnic Club：p.58

千岛土地株式会社：p.100−101

松本拓：p.104−105

BOAT PEOPLE Association：p.108，110−111

井出玄一：p.111（左）

3331 Arts Chiyoda：p.137

京都国际漫画博物馆：p.164−165

NAKASA & partners：p.168−169

千代田区立千代田图书馆：p.171（左）

熊本森市中心广场图书馆：p.171（右）

花井裕一郎：p.172

取手艺术项目：p.184

Yuji lto：p.189（右下）197，199

Yukai：p.192（初出：《住团地吧！东京 R 不动产》，日经 BP 社）

图书在版编目（CIP）数据

公共空间更新与再生 /（日）马场正尊著 ；张美琴，赖文波译. -- 上海 ：上海科学技术出版社，2021.10（2023. 4 重印）
（建筑设计系列）
ISBN 978-7-5478-5469-3

Ⅰ. ①公… Ⅱ. ①马… ②张… ③赖… Ⅲ. ①公共建筑一建筑设计 Ⅳ. ①TU242

中国版本图书馆CIP数据核字(2021)第176796号

公共空间更新与再生
[日] 马场正尊 著
张美琴 赖文波 译

上海世纪出版（集团）有限公司
上海科学技术出版社 出版、发行
(上海市闵行区号景路 159 弄 A 座 9F-10F)
邮政编码 201101 www.sstp.cn
浙江新华印刷技术有限公司印刷
开本 787×1092 1/32 印张 6.625
字数 130 千字
2021 年 10 月第 1 版 2023 年 4 月第 2 次印刷
ISBN 978-7-5478-5469-3/TU · 314
定价：68.00 元